Albertini, Huber

Grundbegriffe der Mathematik

Ihr Plus – digitale Zusatzinhalte!

Auf unserem Download-Portal finden Sie zu diesem Titel kostenloses Zusatzmaterial. Geben Sie dazu einfach diesen Code ein:

plus-vrspa-9697h

plus.hanser-fachbuch.de

Bleiben Sie auf dem Laufenden!

Hanser Newsletter informieren Sie regelmäßig über neue Bücher und Termine aus den verschiedenen Bereichen der Technik. Profitieren Sie auch von Gewinnspielen und exklusiven Leseproben. Gleich anmelden unter

www.hanser-fachbuch.de/newsletter

Claudia Albertini, Martin Huber

Grundbegriffe der Mathematik

Logik – Mengen – Relationen und Funktionen – Zahlbegriff

3., überarbeitete und erweiterte Auflage

HANSER

Die ersten beiden Auflagen sind unter dem Titel “EAGLE-STARTHILFE. Grundbegriffe der Mathematik.” beim Verlag Edition am Gutenbergplatz Leipzig erschienen.

Die Autoren:

Dr. Claudia Albertini, PH Zürich und Universität Zürich

Dr. Martin Huber, FH Winterthur und Universität Zürich

MIX
Papier aus verantwortungsvollen Quellen
FSC® C083411
FSC www.fsc.org

Bibliografische Information der Deutschen Nationalbibliothek:
Die Deutsche Nationalbibliothek verzeichnet diese Publikation in der Deutschen Nationalbibliografie; detaillierte bibliografische Daten sind im Internet über http://dnb.d-nb.de abrufbar.

Internet: www.hanser-fachbuch.de

Lektorat: Dipl.-Ing. Natalia Silakova-Herzberg
Covergestaltung: Max Kostopoulos
Coverkonzept: Marc Müller-Bremer, www.rebranding.de, München
Hintergrund Titelmotiv: © shutterstock.com/BK_graphic
Grafiken: Claudia Albertini, Martin Huber
Satz: le-tex publishing services, Leipzig
Druck und Bindung: CPI books GmbH, Leck
Printed in Germany

Print-ISBN 978-3-446-47563-2
E-Book-ISBN 978-3-446-47723-0

Vorwort

Vorwort zur dritten Auflage

Wir freuen uns sehr, dass wir eine dritte überarbeitete und erweiterte Auflage dieses Buches beim Hanser Verlag publizieren können. Der größere Umfang gibt uns Gelegenheit, jedes Kapitel mit Aufgaben zu versehen. Zudem haben wir den Text um mehrere kleine Exkurse bereichert, die als „Wissenswert" gekennzeichnet sind.

Bedanken möchten wir uns bei Frau Natalia Silakova vom Hanser Verlag für die begeisterte Aufnahme der „Grundbegriffe", sowie bei den Assistierenden der UZH Violetta Weger und Zouhair Ouaggag für ihre wertvollen Beiträge zu den Aufgaben.

Uster und Zürich, im November 2022 Claudia Albertini / Martin Huber

Vorwort zur zweiten Auflage

Der Erfolg der ersten Auflage 2014 ermöglicht bereits jetzt eine zweite, bearbeitete und erweiterte Auflage 2015. Die zweite Auflage enthält zusätzlich einen Abschnitt über die symmetrische Differenz von Mengen. Zudem wurden einige Aktualisierungen und Korrekturen vorgenommen.

Zürich, im Januar 2015 Martin Huber / Claudia Albertini

Vorwort zur ersten Auflage

Das vorliegende Buch ist aus der Vorlesung „Grundbegriffe der Mathematik" entstanden, welche seit vielen Jahren an der Universität Zürich für Studierende des Sekundarlehramtes gehalten wird. Es wendet sich nicht nur an zukünftige Lehrpersonen, sondern auch an Studierende der Informatik und anderer technisch orientierter Studiengänge.

In den ersten beiden Kapiteln geht es um den sprachlichen Aspekt der Mathematik. In der Logik, dem Thema des ersten Kapitels, werden formale Sprachen betrachtet, welche zwar ein Optimum an Präzision bieten, jedoch eher unanschaulich sind. In diesem einführenden Buch wird bewusst nicht zwischen Syntax und Semantik unterschieden. Das zweite Kapitel ist den Mengen gewidmet. Mit der Mengensprache hat sich ein Werkzeug herausgebildet, welches ebenso präzis ist wie die Sprache der Prädikatlogik, ohne dass bei dessen Verwendung auf Anschaulichkeit verzichtet werden muss. Die meisten mathematischen Grundbegriffe basieren deshalb heute, sowohl in der Theorie als auch in ihren Anwendungen, auf dem Mengenbegriff. Letzteres gilt insbesondere für Relationen und Funktionen, welches die Themen des zentralen dritten Kapitels sind. Funktionen werden hier als spezielle Relationen definiert. Ein separater Abschnitt ist den Äquivalenz- und Ordnungsrelationen gewidmet.

In den Kapiteln 1 bis 3 geben Zahlen und Zahlmengen immer wieder Beispiele ab, mit deren Hilfe Grundbegriffe der Mathematik illustriert werden. Umgekehrt werden im vierten Kapitel die eingeführten Grundbegriffe zum Aufbau der Zahlen verwendet. Die Menge der natürlichen Zahlen wird hier axiomatisch eingeführt. Der Fokus liegt dabei auf Induktion und Rekursion. Für die Erweiterung zu den Mengen der ganzen bzw. rationalen Zahlen werden dann geeignete Modelle konstruiert. Im letzten Kapitel geht es schließlich um die Mächtigkeit endlicher Mengen, mit einem Ausblick in die Kombinatorik und einer Herleitung des Binomischen Lehrsatzes.

Danken möchten wir dem ehemaligen Direktor der Sekundar- und Fachlehrerausbildung an der Universität Zürich, Herrn Walter Hohl, der die Vorlesung zunächst gehalten und später mit großem Wohlwollen begleitet hat. Ein besonderer Dank geht an die beiden Assistenten an der Universität Zürich Tobias Berner und Marko Seric für die kompetente Hilfe beim Erstellen der Druckvorlage des Manuskripts.

Außerdem danken wir Herrn Jürgen Weiß vom unabhängigen Wissenschaftsverlag „Edition am Gutenbergplatz Leipzig“ für die gute und effiziente Zusammenarbeit.

Zürich, im Januar 2014 Martin Huber / Claudia Albertini

Inhalt

1 Logik

Es geht zunächst um die Frage, welche *Sprache* für den präzisen Ausdruck mathematischer Sachverhalte geeignet sei. Die *Umgangssprache* ist anschaulich und handlich, jedoch sind viele ihrer Ausdrücke und Wendungen unscharf oder mehrdeutig. Deshalb ist sie für unsere Zwecke nicht immer geeignet. In der Mathematischen Logik werden *formale Sprachen* betrachtet. Eine solche Sprache bietet das Maximum an Präzision, sie ist jedoch eher unanschaulich und unhandlich.

1.1 Sprachliche Grundelemente

In jeder wissenschaftlichen Theorie werden Erfahrungsbereiche in Begriffe gefasst. Begriffe werden in einer *Sprache* formuliert, und diese Sprache ist aus gewissen *Grundelementen* aufgebaut. In der Mathematik sind diese Grundelemente die *Konstanten* und die *Variablen*.

Beispiel 1 (aus der Arithmetik):

- Konstante: „Zahl", 0, 1, +, π (Kreiszahl), e (Eulersche Zahl)
- Variable: $a, b, c, \ldots, x, y, z; A, B, C, \ldots$ (lateinische Buchstaben)

Die **Konstanten** haben eine genau festgelegte Bedeutung, die im Laufe der Überlegungen unverändert bleibt. Die **Variablen** haben keine selbständige Bedeutung; sie stehen für gewisse Objekte (in der Arithmetik meist für Zahlen) – sie sind Platzhalter, Leerstellen (wie bei einem Formular).

Zur *Illustration des Unterschieds* zwischen Konstanten und Variablen: Die Frage, ob 0 eine ganze Zahl sei, ist sinnvoll; sie kann mit *ja* oder *nein* beantwortet werden. Hingegen macht die Frage: „Ist x eine ganze Zahl?" keinen Sinn.

Aussagen und Aussageformen

Eine **Aussage** (im Sinne von Aristoteles[1]) ist ein sprachliches Gebilde (im weitesten Sinne), von dem prinzipiell feststeht, ob es *wahr* oder *falsch* ist.

Bild 1.1 Aristoteles

Beispiel 2

a) Zürich ist die Hauptstadt der Schweiz.

b) $2+3=5$.

c) Die Gleichung $x^3+y^3=z^3$ besitzt außer der trivialen keine ganzzahligen Lösungen.

d) Tycho Brahe wurde 1601 von J. Kepler vergiftet.

e) $x+3=5$

Nach der obigen Umschreibung sind die Beispiele a) bis d) Aussagen: a) ist falsch, b) ist wahr. Bei c) und d) sind wir zwar überzeugt, dass sie entweder wahr oder falsch sind; wir sind jedoch nicht in der Lage, dies zu entscheiden. Dass Aussage c) wahr ist, hat schon Leonhard Euler[2] bewiesen. Diesen Beweis nachzuvollziehen erfordert jedoch mathematische Kenntnisse, die über das hinausgehen, was man am Gymnasium üblicherweise gelernt hat. Der Beweis, dass c) wahr ist, war ein erster Schritt zur Lösung des berühmten Fermatschen Problems (vgl. Kapitel 2, S. 30). Zu d): Seit kurzem weiß man, dass Tycho Brahe an einer Bleivergiftung gestorben ist. Diese Tatsache hat zu wilden Spekulationen geführt. Beispiel e) ist keine Aussage: Da x eine Variable ist, kann nicht entschieden werden, ob dies wahr oder falsch ist.

„$x+3=5$" ist eine **Aussageform**, d. h. ein sprachliches Gebilde mit mindestens einer Variablen, welches nach Einsetzen von Konstanten für die Variablen in eine Aussage übergeht. Hier ist z. B. „$2+3=5$" eine wahre, „$0+3=5$" hingegen eine falsche Aussage.

---

[1] Aristoteles (384–322 v. Chr.), bedeutender griechischer Philosoph

[2] Leonhard Euler (1707–1783), bedeutender Schweizer Mathematiker, Naturwissenschaftler und Ingenieur

Begriff der Lösung

Eine gegebene Aussageform wird von einer Konstanten **erfüllt**, falls durch Einsetzen dieser Konstanten eine wahre Aussage entsteht. Man sagt, diese Konstante sei eine **Lösung** der betreffenden Aussageform.

Beispiel 3

a) „$x + 3 = 5$“: 2 ist Lösung; 0, 1 sind keine Lösungen.

b) „$x + y = 5$“: die Paare $(2,3)$, $(1,4)$ sind Lösungen.

c) „$x < 3$“: 1, 2 sind Lösungen; 3, 4 sind keine Lösungen.

Begriff des Terms

„$x^2 - 5x + 6$“ ist keine Aussageform, sondern ein (arithmetischer) *Term*.

Terme können *iterativ* (d. h. schrittweise) wie folgt definiert werden:

1. Konstante und Variable sind Terme.
2. Ersetzen einer Variablen durch einen Term ergibt wieder einen Term.
3. Ausüben der im betrachteten Bereich definierten Operationen auf Terme liefert wieder Terme.

Beispiel 4 (aus der Arithmetik):

$$T_1 := x^2 - 5x + 6\,, \qquad T_2 := 2^n + 1\,, \qquad T_3 := \frac{a^2 - b^2}{a^2 + b^2}\,.$$

Die Terme T_1, T_2, T_3 sind aus Konstanten und Variablen mittels mehrfacher Anwendung von 3. gebildet worden.

Zur Anwendung von Regel 2.:

- Einsetzen von 4 in den Term T_1 liefert den Term $4^2 - 5 \cdot 4 + 6$.
- Einsetzen von T_2 in T_1 liefert $(2^n + 1)^2 - 5(2^n + 1) + 6 =: T_4$. Durch Umformung erhalten wir $2^{2n} - 3 \cdot 2^n + 2 =: T_5$.
  Beachte, dass die Terme T_4 und T_5 verschieden sind. Da das Einsetzen einer beliebigen Konstanten stets dasselbe Ergebnis liefert, nennt man sie *äquivalent* (deutsch: *gleichwertig*).

Generelle und existentielle Aussagen

1. Die Aussageform „$x + y = y + x$“ ist im Bereich der (ganzen) Zahlen **allgemeingültig** oder eine **Identität**; d. h. sie wird von jeder Zahl erfüllt. Dies kann auch so ausgedrückt werden:

   „Für beliebige Zahlen x, y gilt: $x + y = y + x$.“

Damit ist die gegebene allgemeingültige Aussageform in eine wahre Aussage übergegangen. Kürzer schreiben wir:

$$\forall x, y\,(x+y=y+x) \qquad \text{oder präziser:} \qquad \forall x \forall y\,(x+y=y+x)\,.$$

Dies ist eine **generelle** Aussage; sie wird eingeleitet durch den **Allquantor** „$\forall x, y$“ (in Worten: „für alle x, y“). Durch Voransetzen des Quantors „$\forall x, y$“ sind die ursprünglich *freien* Variablen x, y *gebunden* worden. Durch Binden der freien Variablen geht eine Aussageform in eine Aussage über.

2. Die Aussageform „$x > y+1$“ ist nicht allgemeingültig. Durch Voransetzen des Allquantors „$\forall x, y$“ geht sie demzufolge in eine falsche Aussage über. (Beachte, dass *ein* Gegenbeispiel genügt!) Hingegen ist folgende Aussage wahr:

   „Es gibt eine Zahl x und es gibt eine Zahl y so, dass $x > y+1$.“

   Setzt man nämlich $x = 4$ und $y = 2$ ein, so ist die Ungleichung erfüllt. (Beachte, dass eine Lösung genügt!)

   Für die obige Aussage schreiben wir kürzer:

$$\exists x, y\,(x > y+1) \qquad \text{oder präziser:} \qquad \exists x \exists y\,(x > y+1)\,.$$

   Dies ist eine **existentielle** Aussage ; sie wird eingeleitet durch den **Existenzquantor** „$\exists x, y$“ (in Worten: „es gibt x, y“). Wiederum *bindet* der Quantor „$\exists x, y$“ die ursprünglich *freien* Variablen x, y.

3. In der Formel $\forall x, y\, \exists z\,(x = y+z)$ sind alle drei Variablen x, y, z durch Quantoren gebunden. Es handelt sich also um eine (wahre) Aussage; es ist dies eine sog. **bedingt existentielle Aussage**.

   Hingegen ist die Formel $\exists z\,(x = y+z)$ eine (allgemeingültige) Aussageform mit den freien Variablen x, y.

Bemerkung Auch in anderen Bereichen der Mathematik können Variable gebunden werden, beispielsweise

- $\sum\limits_{k=1}^{n} k^2$: n ist eine freie, k eine gebundene Variable.
- $\int_a^b f(x)\mathrm{d}x$: f, a, b sind freie, x ist eine gebundene Variable.

Zur Bedeutung der Variablen

Die Verwendung von Variablen kann das Formulieren und Beweisen von mathematischen Lehrsätzen wesentlich erleichtern.

Beispiel 5 [Tar77, S. 26/27]

$$\forall x, y\,\left[x^3 - y^3 = (x-y)\left(x^2 + x\cdot y + y^2\right)\right]$$

Formulierung ohne Variable:
„Die Differenz der dritten Potenzen zweier beliebiger Zahlen ist gleich dem Produkt der Differenz dieser Zahlen und der Summe dreier Summanden, von denen der erste das Quadrat der ersten Zahl, der zweite das Produkt der beiden Zahlen und der dritte das Quadrat der zweiten Zahl ist.“

1.2 Der Aussagenkalkül

In einer wissenschaftlichen Theorie werden zwei Arten von Konstanten verwendet:

1. eine für die betreffende Wissenschaft charakteristische Art;
2. eine Art von Konstanten von viel allgemeinerer Natur: Ausdrücke, die nicht nur in dieser und in anderen Wissenschaften, sondern auch im täglichen Leben verwendet werden.

Zur ersten Art gehören z. B. Zahlen, Zahlmengen, Operationen mit Zahlen, Beziehungen zwischen Zahlen. Konstante der zweiten Art sind etwa: „nicht", „und", „oder", „ist", „wenn ..., dann ...", „jeder", „es gibt", usw.

Die *Logik* befasst sich mit der Präzisierung der Bedeutung letzterer Konstanten. Sie kann deshalb als Grundlage für die anderen Wissenschaften betrachtet werden.

Zusammengesetzte Aussagen

1. Die **Negation** (oder **Verneinung**) einer Aussage p ist die Aussage „nicht p", symbolisch $\neg p$.

Beispiel 1

p : Die Zahl $\frac{2}{3}$ ist positiv.	(p ist wahr.)
$\neg p$: Die Zahl $\frac{2}{3}$ ist nicht positiv.	($\neg p$ ist falsch.)
q : Die Zahl $\frac{2}{3}$ ist ganz.	(q ist falsch.)
$\neg q$: Die Zahl $\frac{2}{3}$ ist nicht ganz.	($\neg q$ ist wahr.)

Eine Aussage p ist wahr, wenn $\neg p$ falsch ist und umgekehrt; p und $\neg p$ *widersprechen* einander.

2. Die **Konjunktion** (oder das **logische Produkt**) zweier Aussagen p, q ist die zusammengesetzte Aussage „p und q", symbolisch $p \wedge q$.

Beispiel 2 Es seien p, q wie oben. $p \wedge q$: $\frac{2}{3}$ ist positiv und ganz. ($p \wedge q$ ist falsch.)

Merksatz Die *Konjunktion* $p \wedge q$ ist nur dann wahr, wenn sowohl p als auch q wahr sind.

3. Die **Disjunktion** (oder die **logische Summe**) zweier Aussagen p, q ist die zusammengesetzte Aussage „p oder q", symbolisch $p \vee q$.

Beispiel 3 Es seien p, q wie oben. $p \vee q$: $\frac{2}{3}$ ist positiv oder ganz. ($p \vee q$ ist wahr.)

Bemerkung In der Logik hat *„oder"* *nicht-ausschließende* Bedeutung. Die Disjunktion $p \vee q$ ist also wahr, wenn *mindestens* eine der beiden Aussagen p, q wahr ist.

Merksatz Die Disjunktion $p \vee q$ ist nur dann falsch, wenn sowohl p als auch q falsch sind.

Bemerkung Man beachte die Diskrepanz zwischen Logik und Umgangssprache:

„$2 \cdot 2 = 5$ oder Zürich ist eine Großstadt“

ist *umgangssprachlich* keine sinnvolle, *logisch* aber eine wahre Aussage!

4. In der Umgangssprache hat *„oder“* auch die Bedeutung *„entweder … oder …“*; das eine oder das andere, aber nicht beide zusammen. Für diese **ausschließende Alternative** „entweder p oder q“ schreiben wir symbolisch $p >\!< q$.

Bemerkungen

1. Die Zusammensetzungen: Negation, Konjunktion, Disjunktion bzw. ausschließende Alternative können als **logische Operationen** (oder **Verknüpfungen**) interpretiert werden. Die Negation ist eine **einstellige** Operation, denn sie ordnet *einer* Aussage eine neue zu. Konjunktion und Disjunktion sind hingegen **zweistellige** Operationen; jede von ihnen ordnet einem *Paar* von Aussagen eine neue Aussage zu.
2. Es ist zweckmäßig, logische Operationen mit Hilfe von sog. **Wahrheitstafeln** zu charakterisieren. Im Folgenden steht 1 stets für *wahr* und 0 für *falsch*.

   Wahrheitstafeln für die Negation, die Konjunktion und die Disjunktion:

p	$\neg p$
0	1
1	0

p	q	$p \wedge q$
0	0	0
0	1	0
1	0	0
1	1	1

p	q	$p \vee q$
0	0	0
0	1	1
1	0	1
1	1	1

5. Die **Subjunktion** (oder der **Bedingungssatz**) zweier Aussagen p, q ist die *bedingte* Aussage *„wenn p, dann q“*, symbolisch geschrieben $p \rightarrow q$.

p	q	$p \rightarrow q$
0	0	1
0	1	1
1	0	0
1	1	1

Beispiel 4

p : Die Zahl 34 ist ganz (*wahr*).

q : Die Zahl 34 ist rational (*wahr*).

$p \rightarrow q$: Wenn 34 ganz ist, dann ist 34 rational (*wahr*).

Andere sprachliche Beschreibungen für $p \rightarrow q$ sind:

- *Aus p folgt q.*
- *p ist hinreichend für q.*
- *q ist notwendig für p (q folgt notwendig aus p).*

In $p \rightarrow q$ heißt p die **Hypothese** (oder **Voraussetzung**), q ist die **Konklusion** (oder **Behauptung**).

Merksatz Nach der Wahrheitstafel ist also die Subjunktion nur dann falsch, wenn die Hypothese wahr, die Konklusion hingegen falsch ist.

Dieser Merksatz soll im Folgenden noch etwas besser begründet werden.

Beispiele und Bemerkungen

a) Die Subjunktion hat oft den Charakter einer *Vereinbarung.*

Als Beispiel betrachten wir die Situation des Studenten Marco, der sich bemüht, neben seinem Mathematikstudium auch noch etwas Sport zu treiben. Er trifft nun mit sich selbst die folgende Vereinbarung:

„Wenn ich ab heute bis zum 27. Dezember jede Woche mindestens zweimal joggen gehe, so werde ich eine Silvesterparty veranstalten."

Am 27. Dezember können nun folgende vier Fälle eintreten:

i. Marco ist weniger als zweimal wöchentlich joggen gegangen und veranstaltet keine Silvesterparty.
ii. Marco ist weniger als zweimal wöchentlich joggen gegangen und veranstaltet trotzdem eine Silvesterparty.
iii. Marco ist jede Woche mindestens zweimal joggen gegangen, veranstaltet jedoch keine Silvesterparty.
iv. Marco ist jede Woche mindestens zweimal joggen gegangen und veranstaltet eine Silvesterparty.

Nur im dritten Fall hat er die Vereinbarung nicht eingehalten. Beachten Sie, dass die vier Fälle genau den vier Zeilen der Wahrheitstafel entsprechen.

b) Als Aussage über (ganze) Zahlen darf $\forall x\,(x > 1 \rightarrow x > 0)$ als wahr akzeptiert werden. Somit ist die Aussageform $x > 1 \rightarrow x > 0$ allgemeingültig. Insbesondere geht diese Aussageform auch in eine richtige Aussage über, wenn für x eine Zahl gewählt wird, für welche die Hypothese falsch ist.

Setze z. B. $x = 1$. Dann ist $1 > 1$ falsch und $1 > 0$ richtig. Setzt man aber etwa $x = -2$, so sind $-2 > 1$ und $-2 > 0$ beide falsch. In beiden Fällen ist aber die Subjunktion wahr. Diese beiden Fälle entsprechen den ersten zwei Zeilen der Wahrheitstafel. Beachte, dass der Fall *Hypothese wahr und Konklusion falsch* – also die dritte Zeile der Wahrheitstafel – in diesem Beispiel nicht vorkommen kann.

c) Prinzipiell ist es nicht notwendig, dass Hypothese und Konklusion kausal zusammenhängen. Eine Aussage wie

„Wenn die Zahl $\frac{2}{3}$ ganz ist, bin ich der König von England"

ist logisch wahr (wenn auch umgangssprachlich nicht sinnvoll).

6. Die **Bijunktion** zweier Aussagen p, q ist die *bedingte* Aussage „p genau dann, wenn q"; symbolisch geschrieben $p \leftrightarrow q$.

p	q	$p \leftrightarrow q$
0	0	1
0	1	0
1	0	0
1	1	1

Beispiel 5

p: Die Zahl 34 ist gerade (*wahr*). q: Die Zahl 34 ist durch 2 teilbar (*wahr*).

$p \leftrightarrow q$: Die Zahl 34 ist genau dann gerade, wenn sie durch 2 teilbar ist (*wahr*).

Alternative sprachliche Beschreibungen für $p \leftrightarrow q$:

- *p und q sind äquivalent.*
- *p ist notwendig und hinreichend für q.*
- *p gilt dann und nur dann, wenn q gilt.*

Bemerkung Die Subjunktion wird auch *Implikation* und die Bijunktion auch *Äquivalenz* genannt. Da dies auch Begriffe einer anderen Sprachebene sind, bevorzugen wir die oben eingeführten Bezeichnungen.

Geschichte der Logik

An dieser Stelle sind einige Bemerkungen zur Geschichte der Logik angebracht. Sie sind Alfred Tarskis[3] Buch „Einführung in die Mathematische Logik" [Tar77] entnommen.

Zur Verwendung der Variablen [Tar77, S. 27]:

„Die Variablen wurden schon in der Antike von griechischen Mathematikern und Logikern benützt – allerdings nur unter bestimmten Umständen oder in vereinzelten Fällen. Zu Beginn des 17. Jh.s, vor allem unter dem Einfluss des Werkes des französischen Mathematikers F. Vieta (1540–1603), begann man systematisch mit Variablen zu arbeiten und sie einwandfrei in mathematischen Überlegungen zu verwenden. Jedoch erst gegen Ende des 19. Jh.s wurde, dank der Einführung des Begriffs des Quantors, die Rolle der Variablen für die wissenschaftliche Sprache und insbesondere für die Formulierung mathematischer Lehrsätze voll erkannt; dies war vor allem das Verdienst des hervorragenden amerikanischen Logikers und Philosophen Ch. S. Pierce (1839–1914)."

Zur Logik [Tar77, S. 32]:

„Die Logik wurde von Aristoteles, dem großen griechischen Denker aus dem 4. Jh. v. Chr. [...], geschaffen; seine logischen Schriften sind in dem Werke *Organon* gesammelt worden. Als Schöpfer der mathematischen Logik muss der große deutsche Philosoph und Mathematiker des 17. Jh.s G. W. Leibniz (1646–1716) angesehen werden. Die logischen Werke von Leibniz haben jedoch keinen größeren Einfluss auf die weitere Entwicklung der logischen Untersuchungen gehabt; es gab eine Periode, in der sie in völlige Vergessenheit gerieten. Eine stetige Entwicklung der mathematischen Logik beginnt erst in der Mitte des 19. Jh.s, und zwar von dem Zeitpunkt an, in dem das logische System des irischen Mathematikers G. Boole (1815–1864; Hauptwerk: *An Investigation of the Laws of Thought*, London 1854 [Boo54]) erschienen ist. Den bisher umfassendsten Ausdruck hat die neue Logik in dem epochemachenden Werke der großen englischen Logiker B. Russell (1872–1970) und A. N. Whitehead (1861–1947): *Principia Mathematica* (Cambridge 1910–13) [WR13] gefunden."

Zum Aussagenkalkül, [Tar77, S. 32/33]:

„Das historisch erste System des Aussagenkalküls ist in dem Werke *Begriffsschrift* (Halle 1879) [Fre79] des deutschen Logikers G. Frege (1848–1925) enthalten, der ohne Zweifel der größte Logiker des 19. Jh.s gewesen ist. Sehr wesentlich hat der hervorragende polnische Logiker J. Lukasiewicz (1878–1956) die Entwicklung dieses Teiles der Logik gefördert: Er hat dem Aussagenkalkül eine besonders einfache und präzise Form gegeben und hat umfangreiche Untersuchungen, die diesen Kalkül betreffen, angeregt." ■

---

[3] Alfred Tarski (1901–1983), polnisch-amerikanischer Logiker und Mathematiker

Aussagenlogische Aussageformen

In den Ausdrücken $\neg p$, $p \wedge q$, $p \vee q$, $p \rightarrow q$, $p \leftrightarrow q$ treten p und q als Variable auf; sie stehen für nicht näher spezifizierte Aussagen. Solche Ausdrücke sind **aussagenlogische Aussageformen**, denn durch Einsetzen von Aussagen für p, q gehen sie in Aussagen über. Auch p, q können als aussagenlogische Aussageformen aufgefasst werden.

Aussagenlogische Aussageformen sind durch ihre Wahrheitstafeln charakterisiert:

p	q	$\neg p$	$p \wedge q$	$p \vee q$	$p \times q$	$p \rightarrow q$	$p \leftrightarrow q$
0	0	1	0	0	0	1	1
0	1	1	0	1	1	1	0
1	0	0	0	1	1	0	0
1	1	0	1	1	0	1	1

Durch Einsetzen von Aussagen (aussagenlogischen Konstanten) oder Aussageformen anstelle der (aussagenlogischen) Variablen in den betrachteten aussagenlogischen Aussageformen entstehen neue aussagenlogische Aussageformen. Wir betrachten die folgenden Beispiele.

Beispiel 6

1. a) $p \vee (\neg p)$ b) $p \wedge (\neg p)$
2. a) $\neg(p \wedge (\neg q))$ b) $(p \rightarrow q) \wedge (q \rightarrow p)$
3. a) $p \vee (q \wedge r)$ b) $(p \vee q) \wedge r$

In Beispiel 6.1 darf die Klammer weggelassen werden; der Operator „$\neg$“ bindet stärker als „$\vee$“.

p	$\neg p$	$p \vee \neg p$	$p \wedge \neg p$
0	1	1	0
1	0	1	0

Man merke sich: Die Aussageform $p \vee \neg p$ ist immer wahr. Diese Tatsache wird als **Satz vom ausgeschlossenen Dritten** bezeichnet.

Die Aussageform $p \wedge \neg p$ ist immer falsch. Diese Tatsache wird **Satz vom Widerspruch** genannt.

Definition

1. Eine aussagenlogische Aussageform, die bei jeder Belegung der Aussagenvariablen den Wahrheitswert 1 hat, nennt man eine **Tautologie**.
2. Eine aussagenlogische Aussageform, die bei jeder Belegung der Aussagenvariablen den Wahrheitswert 0 hat, heißt eine **Kontradiktion**.

Somit gilt: $p \vee \neg p$ ist eine Tautologie; $p \wedge \neg p$ ist hingegen eine Kontradiktion.

Die Wahrheitstafel von $\neg(p \wedge \neg q)$ (Beispiel 6.2 a) können wir schrittweise aufbauen:

p	q	$\neg q$	$p \wedge \neg q$	$\neg(p \wedge \neg q)$
0	0	1	0	1
0	1	0	0	1
1	0	1	1	0
1	1	0	0	1

Beachte:

1. Zur Wahrheitstafel von $\neg(p \wedge \neg q)$ gehören nur die ersten zwei und die letzte Spalte der Tabelle. Die übrigen Spalten haben nur eine Hilfsfunktion.
2. Bei $\neg(p \wedge \neg q)$ darf die Klammer nicht weggelassen werden (vgl. S. 11).

Alternativ kann die Wahrheitstafel von Beispiel 6.2 a) auch wie nebenstehend bestimmt werden: Die Wahrheitstafel von $\neg(p \wedge \neg q)$ besteht aus den Spalten der Variablen p, q und der Spalte des dritten (letzten) Schrittes.

p	q	$\neg$	$(p$	$\wedge$	$\neg$	$q)$
0	0	1	0	0	1	0
0	1	1	0	0	0	1
1	0	0	1	1	1	0
1	1	1	1	0	0	1
Schritt		3		2	1	

Bemerkung Die Aussageformen $p \rightarrow q$ und $\neg(p \wedge \neg q)$ haben dieselbe Wahrheitstafel.

Definition Haben zwei aussagenlogische Aussageformen identische Wahrheitstafeln, so nennt man sie **logisch äquivalent**.

Somit sind $p \rightarrow q$ und $\neg(p \wedge \neg q)$ logisch äquivalente Aussageformen. Für diesen Sachverhalt verwenden wir folgende symbolische Schreibweise:

$$p \rightarrow q \Leftrightarrow \neg(p \wedge \neg q).$$

Bemerkung Die Zeichen $\leftrightarrow$ und $\Leftrightarrow$ haben unterschiedliche Bedeutungen:

- „$\leftrightarrow$“ ist eine *logische Operation*, verbindet somit Aussagen (bzw. Aussageformen) zu einer bedingten Aussage (Aussageform).
- „$\Leftrightarrow$“ ist hingegen eine *Relation* zwischen zwei Aussageformen und bedeutet, dass letztere identische Wahrheitstafeln haben.

Beispiel 6.2 b)
Die Aussageform $(p \rightarrow q) \wedge (q \rightarrow p)$ hat dieselbe Wahrheitstafel wie die Bijunktion $p \leftrightarrow q$.

p	q	$(p \rightarrow q)$	$\wedge$	$(q \rightarrow p)$
0	0	1	1	1
0	1	1	0	0
1	0	0	0	1
1	1	1	1	1
Schritt		1	2	1

Die beiden Aussageformen sind logisch äquivalent:

$$p \leftrightarrow q \Leftrightarrow (p \rightarrow q) \wedge (q \rightarrow p).$$

Mit einer Wahrheitstafel (mit 8 Zeilen, vgl. S. 13) zeigt man auch, dass die Aussageformen 6.3 a) und 6.3 b) nicht äquivalent sind.

Bemerkung

1. Beim Setzen bzw. Weglassen von *Klammern* sind die folgenden Regeln zu berücksichtigen:
   - Aussagenlogische Aussageformen werden grundsätzlich von links nach rechts gelesen.
   - „$\neg$" bindet am stärksten.
   - Zweite Priorität haben „$\wedge$" und „$\vee$".
   - Dritte Priorität haben „$\rightarrow$" und „$\leftrightarrow$".
   - Am schwächsten binden die Relationen „$\Rightarrow$" (s. 1.3) und „$\Leftrightarrow$".
2. Die logische Äquivalenz entspricht der Relation der Gleichheit in der Arithmetik. Deshalb erscheinen die weiter unten formulierten Gesetze der Aussagenlogik nicht in Form von Gleichungen, sondern von logischen Äquivalenzen.

Umformungsregeln

Bevor wir uns den Gesetzen der Aussagenlogik zuwenden, wollen wir noch etwas ausführlicher auf den Zusammenhang zwischen den verschiedenen logischen Operationen eingehen. Von Bsp. 6.2 kennen wir schon die nachstehenden Äquivalenzen 1. und 2.:

1. $p \rightarrow q \Leftrightarrow \neg(p \wedge \neg q)$
2. $p \leftrightarrow q \Leftrightarrow (p \rightarrow q) \wedge (q \rightarrow p)$

Ferner gelten:

3. $p \rightarrow q \Leftrightarrow \neg p \vee q$
4. $p \leftrightarrow q \Leftrightarrow (\neg p \vee q) \wedge (\neg q \vee p)$
5. $p \rtimes q \Leftrightarrow \neg(p \leftrightarrow q)$

Die Äquivalenz 3. nennen wir im Folgenden **Umformungsregel für die Subjunktion (US)** und die Äquivalenz 4. **Umformungsregel für die Bijunktion (UB)**.

Wir beweisen die Regel (US) mit Hilfe der Wahrheitstafeln:

p	q	$p \rightarrow q$	$\neg p$	$\vee$	q
0	0	1	1	1	0
0	1	1	1	1	1
1	0	0	0	0	0
1	1	1	0	1	1
Schritt		1	1	2	

Die Wahrheitstafeln von $p \rightarrow q$ und $\neg p \vee q$ sind identisch, also sind die beiden Aussageformen logisch äquivalent.

Den Beweis der Regel (UB) führen wir wie folgt:

$$p \leftrightarrow q \Leftrightarrow (p \rightarrow q) \wedge (q \rightarrow p) \qquad \text{gilt nach 2.}$$

$$(p \rightarrow q) \wedge (q \rightarrow p) \Leftrightarrow (\neg p \vee q) \wedge (\neg q \vee p) \qquad \text{gilt nach (US).}$$

Fügen wir die beiden Zeilen zusammen, so ergibt sich

$$p \leftrightarrow q \Leftrightarrow (\neg p \vee q) \wedge (\neg q \vee p)$$ ■

Regel 5 rekennt man unmittelbar aus der Wahrheitstafel auf S. 9.

Bemerkung

1. Die Beweise der Regeln (US) und (UB) unterscheiden sich wesentlich voneinander. Während (US) auf die Definition der logischen Äquivalenz zurückgeführt wird, erfolgt der Beweis (UB) durch Umformen. Diese Möglichkeit des Umformens beruht auf der **Transitivität** der logischen Äquivalenz. Darunter versteht man Folgendes:

   Für beliebige aussagenlogische Aussageformen A, B, C mit den Variablen $p, q, r, \ldots$ gilt: Aus $A \Leftrightarrow B$ und $B \Leftrightarrow C$ folgt $A \Leftrightarrow C$.

2. Die logischen Äquivalenzen 3. (US), 4. (UB) und 5. bedeuten nichts anderes, als dass eine „sparsame" Schreibweise der Logik auf die Zeichen $\rightarrow$, $\leftrightarrow$ und $\succ\!\prec$ verzichten kann. Die nachstehenden Gesetze der Aussagenlogik (präziser: der Algebra der Aussagenlogik) verwenden diese sparsame Schreibweise; als Operationen kommen nur Negation, Konjunktion und Disjunktion vor.

Gesetze der Aussagenlogik

Im Folgenden steht w für eine Tautologie und f für eine Kontradiktion.

1.	$\neg\neg p \Leftrightarrow p$	Gesetz der doppelten Verneinung
2. a)	$\neg(p \wedge q) \Leftrightarrow \neg p \vee \neg q$	De Morgansche Gesetze
b)	$\neg(p \vee q) \Leftrightarrow \neg p \wedge \neg q$	
3. a)	$p \wedge q \Leftrightarrow q \wedge p$	Kommutativgesetze
b)	$p \vee q \Leftrightarrow q \vee p$	
4. a)	$(p \wedge q) \wedge r \Leftrightarrow p \wedge (q \wedge r)$	Assoziativgesetze
b)	$(p \vee q) \vee r \Leftrightarrow p \vee (q \vee r)$	
5. a)	$p \wedge (q \vee r) \Leftrightarrow (p \wedge q) \vee (p \wedge r)$	Distributivgesetze
b)	$p \vee (q \wedge r) \Leftrightarrow (p \vee q) \wedge (p \vee r)$	
6. a)	$p \wedge p \Leftrightarrow p$	Idempotenzgesetze
b)	$p \vee p \Leftrightarrow p$	
7. a)	$p \wedge w \Leftrightarrow p$	Identitätsgesetze
b)	$p \vee f \Leftrightarrow p$	
8. a)	$p \wedge \neg p \Leftrightarrow f$	Satz vom Widerspruch
b)	$p \vee \neg p \Leftrightarrow w$	Satz vom ausgeschlossenen Dritten
9. a)	$p \wedge f \Leftrightarrow f$	Gesetze der Dominierung
b)	$p \vee w \Leftrightarrow w$	

■

Für manche dieser Gesetze kann die Gültigkeit unmittelbar eingesehen werden. Im Folgenden beschränken wir uns auf den Beweis von 2b), 4b) und 5a).

Wir argumentieren mit Hilfe von Wahrheitstafeln. Hier ist der Beweis von 2b):

p	q	$\neg$	$(p$	$\vee$	$q)$	$\neg$	p	$\wedge$	$\neg$	q
0	0	1	0	0	0	1	0	1	1	0
0	1	0	0	1	1	1	0	0	0	1
1	0	0	1	1	0	0	1	0	1	0
1	1	0	1	1	1	0	1	0	0	1
Schritt		2		1		1		2	1	

Beweis von 4b):

p	q	r	$(p$	$\vee$	$q)$	$\vee$	r	p	$\vee$	$(q$	$\vee$	$r)$
0	0	0	0	0	0	0	0	0	0	0	0	0
0	0	1	0	0	0	1	1	0	1	0	1	1
0	1	0	0	1	1	1	0	0	1	1	1	0
0	1	1	0	1	1	1	1	0	1	1	1	1
1	0	0	1	1	0	1	0	1	1	0	0	0
1	0	1	1	1	0	1	1	1	1	0	1	1
1	1	0	1	1	1	1	0	1	1	1	1	0
1	1	1	1	1	1	1	1	1	1	1	1	1
Schritt				1		2			2		1	

Beweis von 5a):

p	q	r	p	$\wedge$	$(q$	$\vee$	$r)$	$(p$	$\wedge$	$q)$	$\vee$	$(p$	$\wedge$	$r)$
0	0	0		0		0			0		0		0	
0	0	1		0		1			0		0		0	
0	1	0		0		1			0		0		0	
0	1	1		0		1			0		0		0	
1	0	0		0		0			0		0		0	
1	0	1		1		1			0		1		1	
1	1	0		1		1			1		1		0	
1	1	1		1		1			1		1		1	
Schritt				2		1			1		2		1	

Für die Anwendung der Gesetze der Aussagenlogik benötigen wir – neben der Transitivitätseigenschaft – auch die beiden folgenden **Substitutionsregeln**.

Erste Substitutionsregel

Die aussagenlogischen Aussageformen A, B mit den Variablen $p, q, r, \ldots$ seien logisch äquivalent. Wird nun die Aussagenvariable p bei jedem Auftreten durch dieselbe Aussageform C ersetzt, so sind die resultierenden Aussageformen wieder logisch äquivalent.

Zweite Substitutionsregel

Es seien A, A_1, B Aussageformen, wobei A in A_1 enthalten und A und B logisch äquivalent sind. Entsteht die Aussageform B_1 aus A_1 mittels Ersetzen von A durch B, so sind auch A_1 und B_1 logisch äquivalent.

Beispiel 7

1. Zur ersten Regel:
   Ersetzt man im de Morganschen Gesetz 2a) $\neg(p \wedge q) \Leftrightarrow \neg p \vee \neg q$ die Variablen p, q durch $r \vee s$ bzw. $t \rightarrow u$, so gilt nach der ersten Regel:

$$\neg\left[(r \vee s) \wedge (t \rightarrow u)\right] \Leftrightarrow \neg(r \vee s) \vee \neg(t \rightarrow u)$$

2. Zur zweiten Regel:
   Wegen $p \rightarrow q \Leftrightarrow \neg p \vee q$ (US) gilt

$$(p \rightarrow q) \vee (q \wedge r) \Leftrightarrow (\neg p \vee q) \vee (q \wedge r).$$

3. Es ist die Negation von $p \rightarrow q$ zu vereinfachen. Beachten Sie, dass hier beide Substitutionsregeln verwendet werden

$$\neg(p \rightarrow q) \Leftrightarrow \neg(\neg p \vee q) \Leftrightarrow \neg\neg p \wedge \neg q \Leftrightarrow p \wedge \neg q.$$

   Also gilt:

$$\neg(p \rightarrow q) \Leftrightarrow p \wedge \neg q.$$

Konversion, Inversion und Kontraposition der Subjunktion

Die Subjunktion $p \rightarrow q$ kann auf drei verschiedene Arten umgekehrt werden:

1. Die Aussageform $q \rightarrow p$ heißt **Konversion** von $p \rightarrow q$.
2. $\neg p \rightarrow \neg q$ heißt **Inversion** von $p \rightarrow q$.
3. $\neg q \rightarrow \neg p$ heißt **Kontraposition** von $p \rightarrow q$.

Wir klären den Zusammenhang dieser Aussageformen mit Hilfe der Wahrheitstafeln:

p	q	$p \rightarrow q$	$q \rightarrow p$	$\neg p$	$\rightarrow$	$\neg q$	$\neg q$	$\rightarrow$	$\neg p$
0	0	1	1	1	1	1	1	1	1
0	1	1	0	1	0	0	0	1	1
1	0	0	1	0	1	1	1	0	0
1	1	1	1	0	1	0	0	1	0

Es gelten also:

1. $p \rightarrow q \Leftrightarrow \neg q \rightarrow \neg p$ und
2. $q \rightarrow p \Leftrightarrow \neg p \rightarrow \neg q$.

Die Subjunktion und ihre Kontraposition sind logisch äquivalent. Ebenso sind Konversion und Inversion äquivalent. Hingegen ist die Subjunktion weder mit der Konversion noch mit der Inversion logisch äquivalent.

Beispiel 8 Man zeichne ein Viereck mit den Ecken A, B, C, D. Über dieses Viereck werden die folgenden Aussagen gemacht:

- p: Das Viereck $ABCD$ ist ein Quadrat.
- q: Das Viereck $ABCD$ hat vier gleich lange Seiten.

Die *Subjunktion* $p \rightarrow q$ lautet in Worten:

„Wenn das Viereck $ABCD$ ein Quadrat ist, so ist es gleichseitig."

Diese Aussage ist offenbar wahr, wie immer das Viereck auch aussehen mag.

Die *Konversion* lautet: Wenn das Viereck $ABCD$ vier gleich lange Seiten hat, dann ist es ein Quadrat. Diese Aussage kann wahr oder falsch sein: es gibt gleichseitige Vierecke (Rhomben), welche nicht Quadrate sind.

Inversion: Wenn das Viereck kein Quadrat ist, hat es nicht vier gleich lange Seiten. Aus dem gleichen Grund mag auch dies wahr oder falsch sein.

Kontraposition: Wenn das Viereck nicht vier gleich lange Seiten hat, dann ist es kein Quadrat. Wie die Subjunktion ist diese Aussage wahr, unabhängig von der Wahl des Vierecks.

Negation der Subjunktion

Die Negation der Subjunktion stimmt weder mit der Konversion noch mit der Inversion und natürlich auch nicht mit der Kontraposition überein. Wie wir im Beispiel 7.3 gesehen haben, ist die **Negation** $\neg(p \rightarrow q)$ der Subjunktion $p \rightarrow q$ logisch äquivalent zu $p \wedge \neg q$.

Beispiel 9

1. Die Negation der Aussage „Wenn es regnet, dann ist die Landstraße nass" lautet: „Es regnet, und die Landstraße ist nicht nass".
2. Die Negation der Aussage „Wenn Albert vor der Vorlesung Kaffee trinkt, schläft er nicht ein" lautet: „Albert trinkt vor der Vorlesung Kaffee und schläft ein".
3. $\neg\left[(p \wedge q) \rightarrow r\right] \;\Leftrightarrow\; (p \wedge q) \wedge \neg r$

1.3 Logische Implikation; logische Schlüsse

Wie wir gesehen haben, ist die logische Äquivalenz die Grundrelation der Aussagenlogik. Sie kann auch wie folgt charakterisiert werden.

Satz 1
Die Aussageformen A, B (mit den Variablen $p, q, \ldots$) sind genau dann logisch äquivalent, wenn die Bijunktion $A \leftrightarrow B$ eine Tautologie ist. ■

Beweis Die Bijunktion $A \leftrightarrow B$ ist genau dann eine Tautologie, wenn A und B bei jeder Belegung der Aussagenvariablen $p, q, \ldots$ denselben Wahrheitswert haben. Dies bedeutet aber gerade, dass A und B identische Wahrheitstafeln besitzen. ■

Die logische Implikation

Gegeben seien die aussagenlogischen Aussageformen A und B.

Definition Ist die Aussageform $A \rightarrow B$ eine Tautologie, so sagt man, A **impliziere** B **logisch**. Man schreibt dafür $A \Rightarrow B$ und nennt dies eine **logische Implikation**.

Bemerkung Zwischen Subjunktion und logischer Implikation besteht derselbe Unterschied wie zwischen Bijunktion und logischer Äquivalenz (vgl. die Bemerkung auf S. 10).

Beispiel 1

1. $p \wedge q \to p \vee q$. Wie aus der Wahrheitstafel ersichtlich, ist dies eine Tautologie. Somit besteht die logische Implikation $p \wedge q \Rightarrow p \vee q$.

p	q	$p \wedge q$	$\to$	$p \vee q$
0	0	0	1	0
0	1	0	1	1
1	0	0	1	1
1	1	1	1	1

2. Es besteht die logische Implikation $(p \to q) \wedge (q \to r) \Rightarrow (p \to r)$. Diese nennt man **Hypothetischen Syllogismus** oder **Kettenschluss**.

p	q	r	$(p \to q)$	$\wedge$	$(q \to r)$	$\to$	$(p \to r)$
0	0	0	1	1	1	1	1
0	0	1	1	1	1	1	1
0	1	0	1	0	0	1	1
0	1	1	1	1	1	1	1
1	0	0	0	0	1	1	0
1	0	1	0	0	1	1	1
1	1	0	1	0	0	1	0
1	1	1	1	1	1	1	1
Schritt			1	2	1	3	1

Wir haben weiter oben gezeigt (UB), dass $p \leftrightarrow q \Leftrightarrow (p \to q) \wedge (q \to p)$.

Substituieren wir p, q durch die Aussageformen A bzw. B, so erhalten wir:

$$A \leftrightarrow B \Leftrightarrow (A \to B) \wedge (B \to A).$$

Demzufolge ist $A \leftrightarrow B$ genau dann eine Tautologie, wenn sowohl $A \to B$ als auch $B \to A$ Tautologien sind. Es gilt also:

$$A \Leftrightarrow B \quad \text{genau dann, wenn} \quad A \Rightarrow B \quad \text{und} \quad B \Rightarrow A$$

Beispiel 2 $\neg(p \wedge q) \Leftrightarrow \neg p \vee \neg q$ bedeutet dasselbe wie
$\neg(p \wedge q) \Rightarrow \neg p \vee \neg q$ und $\neg p \vee \neg q \Rightarrow \neg(p \wedge q)$

Bemerkung Wir schreiben:

$A \not\Leftrightarrow B$, falls A und B *nicht* logisch äquivalent sind, bzw.

$A \not\Rightarrow B$, falls die logische Implikation $A \Rightarrow B$ nicht besteht.

Logische Schlüsse

Die logische Implikation ist das einfachste Beispiel eines logischen Schlusses. Beim logischen Schließen geht es um den Begriff eines *formalen Beweises*. Wie man einen Beweis führt, kann man dadurch nicht lernen. Aber man kann lernen, Fehler zu vermeiden oder die Struktur eines komplizierten Beweises zu durchschauen. Sehr häufig erscheinen mathematische Beweise in der Form

$$(p_1 \wedge p_2 \wedge \cdots \wedge p_n) \to q.$$

Dabei sind $p_1, p_2, \ldots, p_n$ die **Prämissen**, und q ist die **Konklusion**. Als Prämissen kommen in Frage:

1. Definitionen der betreffenden Theorie,
2. Axiome, Postulate (nicht bewiesene Annahmen),
3. schon bewiesene Lehrsätze der Theorie.

Man muss nun Folgendes zeigen:

Sind alle Prämissen wahr, so ist auch die Konklusion wahr.

Gemäß unserer Vorbereitung ist leicht einzusehen, dass diese Aussage damit gleichbedeutend ist, dass $(p_1 \wedge p_2 \wedge \cdots \wedge p_n) \rightarrow q$ eine Tautologie ist. Anders ausgedrückt besteht dann die logische Implikation $(p_1 \wedge p_2 \wedge \cdots \wedge p_n) \Rightarrow q$.
Man sagt in diesem Fall, der logische Schluss sei **korrekt** und schreibt dafür:

$$p_1, p_2, \ldots, p_n \vdash q$$

Gilt hingegen $(p_1 \wedge p_2 \wedge \cdots \wedge p_n) \not\Rightarrow q$, so spricht man von einem **Trugschluss**.
Ein „alltägliches“ Beispiel soll den Begriff des logischen Schlusses illustrieren:

Beispiel 3
p_1 : Falls Hans studiert, besteht er die Mathematikprüfung.
p_2 : Falls Hans nicht Tennis spielt, studiert er.
p_3 : Hans fällt durch die Mathematikprüfung.
q : Hans spielt Tennis.

Wir wollen wissen, ob der logische Schluss $p_1, p_2, p_3 \vdash q$ korrekt ist. Wir verwenden p, r für die Aussagen:
p: Hans studiert.
r: Hans besteht die Mathematikprüfung.

Die Prämissen können damit wie folgt ausgedrückt werden:

$$p_1 \Leftrightarrow p \rightarrow r, \qquad p_2 \Leftrightarrow \neg q \rightarrow p, \qquad p_3 \Leftrightarrow \neg r.$$

Wir entscheiden die gestellte Frage mit Hilfe der Wahrheitstafel für

$$[(p \rightarrow r) \wedge (\neg q \rightarrow p) \wedge \neg r] \rightarrow q.$$

p	q	r	$[(p \rightarrow r)$	$\wedge$	$(\neg q$	$\rightarrow p)$	$\wedge$	$\neg r]$	$\rightarrow q$
0	0	0	1	0	1	0	0	1	1
0	0	1	1	0	1	0	0	0	1
0	1	0	1	1	0	1	1	1	1
0	1	1	1	1	0	1	0	0	1
1	0	0	0	0	1	1	0	1	1
1	0	1	1	1	1	1	0	0	1
1	1	0	0	0	0	1	0	1	1
1	1	1	1	1	0	1	0	0	1
Schritt			1	3	1	2	4	1	5

Die betrachtete Subjunktion ist also tatsächlich eine Tautologie; d. h. der logische Schluss $p_1, p_2, p_3 \vdash q$ ist korrekt.

Bemerkung

1. Eine Subjunktion $A \to B$ kann nur dann falsch sein, wenn A wahr ist. Für einen logischen Schluss $p_1, p_2, \ldots, p_n \vdash q$ ist deshalb nur derjenige Fall von Interesse, bei dem sämtliche Prämissen $p_1, p_2, \ldots, p_n$ wahr sind.

   Somit müssen nur diejenigen Zeilen der Wahrheitstafel von $(p_1 \wedge p_2 \wedge \cdots \wedge p_n) \to q$ untersucht werden, in denen sämtliche Prämissen den Wahrheitswert 1 haben.

   Die *reduzierte Wahrheitstafel* des obigen Beispiels sieht dann wie folgt aus:

p	q	r	$p \to r$	$\neg q \to p$	$\neg r$	q
0	0	0	1	0		
0	0	1	1	0		
0	1	0	1	1	1	1
0	1	1	1	1	0	
1	0	0	0			
1	0	1	1	1	0	
1	1	0	0			
1	1	1	1	1	0	

2. Wie aus Beispiel 3 ersichtlich, können bei logischen Schlüssen anstelle von Aussagen $p_1, p_2, \ldots, p_n, q$ auch beliebige Aussageformen $A_1, A_2, \ldots, A_n, B$ zugelassen werden. Der logische Schluss

$$A_1, A_2, \ldots, A_n \vdash B$$

   ist genau dann korrekt, wenn $(A_1 \wedge A_2 \wedge \cdots \wedge A_n) \to B$ eine Tautologie ist.

Wir beenden diesen Abschnitt mit einigen Beispielen von logischen Schlüssen, die in Logik und Mathematik häufig vorkommen.

1. **Abtrennungsregel (Modus ponens)**

$$p \wedge (p \to q) \Rightarrow q \qquad \text{bzw.} \qquad p, p \to q \vdash q\,.$$

   Beweis Nach obiger Bemerkung musste nur die letzte Zeile der Wahrheitstafel weiterverfolgt werden:

p	q	p	$p \to q$	q
0	0			
0	1			
1	0	1	0	
1	1	1	1	1

■

   In Worten: „Wenn sowohl die Hypothese p als auch die Subjunktion $p \to q$ wahr sind, so ist auch die Konklusion q wahr.“

2. **Fallunterscheidung** $p \to r, q \to r \vdash p \vee q \to r.$

Beweis

p	q	r	$p \to r$	$q \to r$	$p \vee q \to r$
0	0	0	1	1	1
0	0	1	1	1	1
0	1	0	1	0	
0	1	1	1	1	1
1	0	0	0		
1	0	1	1	1	1
1	1	0	0		
1	1	1	1	1	1

Also besteht die logische Implikation

$$(p \to r) \wedge (q \to r) \Rightarrow p \vee q \to r\,.$$

■

3. **Hypothetischer Syllogismus (Kettenschluss)** Beispiel 1.2 zur logischen Implikation (s. Seite 16) bedeutet, dass der logische Schluss

$$p \to q, q \to r \vdash p \to r$$

korrekt ist.

Zur Illustration:
p : Gestern war Donnerstag.
q : Heute ist Freitag.
r : Morgen wird Samstag sein.
$p \to q$: Wenn gestern Donnerstag war, ist heute Freitag.
$q \to r$: Wenn heute Freitag ist, wird morgen Samstag sein.
$p \to r$: Wenn gestern Donnerstag war, wird morgen Samstag sein.

4. **Reductio ad absurdum**

$$q \wedge (\neg p \to \neg q) \Rightarrow p \qquad \text{bzw.} \qquad q, \neg p \to \neg q \vdash p\,.$$

Beweis durch Umformen:

$$q \wedge (\neg p \to \neg q) \Leftrightarrow q \wedge (q \to p) \Rightarrow p\,.$$

Dabei haben wir die Äquivalenz von Subjunktion und Kontraposition sowie den Modus ponens verwendet. ■

Die *Reductio ad absurdum* ist ein wichtiges Beweisprinzip. Man nennt dies auch die *Methode des indirekten Beweises*. Man nimmt an, dass neben der Voraussetzung auch die Negation der Behauptung wahr sei. Man zeigt nun, dass dann auch die Negation der Voraussetzung wahr sein muss. Dies eben ist der Widerspruch. Als Beispiel dazu geben wir den Euklidschen Beweis für die Irrationalität der Zahl $\sqrt{2}$.

Satz 2 (Euklid)
Die Zahl $\sqrt{2}$ ist irrational.

■

Beweis Die Behauptung des Satzes ist die zu beweisende Aussage p. Wir zeigen, dass für eine geeignete Aussage q die Konjunktion $q \wedge (\neg p \rightarrow \neg q)$ wahr ist. Die dafür geeignete Aussage q ist das folgende Ergebnis aus der elementaren Arithmetik.

q: Jede rationale Zahl r kann geschrieben werden als $\frac{a}{b}$, wobei a, b teilerfremde ganze Zahlen sind (mit $b \neq 0$).

Wir akzeptieren, dass q eine wahre Aussage ist. Wir zeigen nun, dass auch die Subjunktion $\neg p \rightarrow \neg q$ wahr ist. Wir nehmen an, dass $\neg p$ wahr sei. (Sonst gibt es nichts zu beweisen.) Es sei also $\sqrt{2}$ eine rationale Zahl. Somit besitzt $\sqrt{2}$ eine Darstellung der Form $\sqrt{2} = \frac{a}{b}$ mit a, b ganz und teilerfremd sowie $b \neq 0$. Dann gilt aber $b\sqrt{2} = a$ und somit

$$2b^2 = \left(b\sqrt{2}\right)^2 = a^2 .$$

Folglich ist a^2 eine gerade Zahl. Da das Quadrat einer ungeraden Zahl wieder ungerade ist, muss auch a selbst eine gerade Zahl sein. Das heißt, es gibt eine ganze Zahl c, sodass $a = 2c$ ist. Also gilt:

$$2b^2 = a^2 = (2c)^2 = 4c^2 \qquad \text{bzw.} \qquad b^2 = 2c^2 .$$

Aus demselben Grund wie oben folgt jetzt, dass auch b eine gerade Zahl ist. Dann waren aber a, b beide durch 2 teilbar und somit nicht teilerfremd. Folglich kann die rationale Zahl $\sqrt{2}$ nicht in der Form $\sqrt{2} = \frac{a}{b}$ mit a, b ganz und teilerfremd dargestellt werden. Also haben wir aus $\neg p$ auf $\neg q$ schließen können.

Gemäß Reductio ad absurdum ist somit die Aussage p wahr; d. h., die Zahl $\sqrt{2}$ ist irrational. ■

Es ist zu bemerken, dass wir in diesem Beweis zusätzlich Ergebnisse aus der elementaren Arithmetik verwendet haben.

1.4 Elemente der Prädikatlogik

Jeder Satz der deutschen Sprache hat ein Subjekt und ein Prädikat. Ein **Subjekt** ist ein Name für ein Ding (Individuum), ein **Prädikat** ist ein Name für eine Eigenschaft oder eine Beziehung.

Beispiel 1

1. Sokrates ist ein Mensch.
2. Brutus ermordete Cäsar.
3. Hans ist älter als Fritz.
4. Olten liegt zwischen Zürich und Bern.

In 1. ist *Sokrates* das Subjekt und *ist ein Mensch* das Prädikat. Dieses Prädikat ist **einstellig**, es lässt sich durch ein Subjekt zu einer Aussage ergänzen. In 2. kann *Brutus* als Subjekt und *ermordete Cäsar* als Prädikat aufgefasst werden. Im Gegensatz zur deutschen Grammatik kennt die Logik keinen Unterschied zwischen Subjekt und Objekt. Grammatikalische Objekte sind logische Subjekte. In 2. ist auch *Cäsar* Subjekt. Das Prädikat *ermordete* wird somit erst durch zwei Subjekte zu einer Aussage ergänzt, es ist ein **zweistelliges** Prädikat. Auch 3. enthält zwei Subjekte (*Hans* und *Fritz*); das Prädikat *ist älter* als ist ebenfalls zweistellig. Mit 4. haben wir ein Beispiel eines **dreistelligen** Prädikats: *liegt zwischen* wird durch die drei logischen Subjekte *Olten, Zürich* und *Bern* zu einer Aussage ergänzt.

Beispiel 1 enthält lauter Aussagen. Ersetzt man die Konstanten durch Variable, so entstehen bekanntlich Aussageformen. Im Gegensatz zu den aussagenlogischen Aussageformen sind dies **prädikatlogische Aussageformen**. In der Aussagenlogik stehen die Variablen für Aussagen, in der Prädikatlogik stehen sie für Subjekte (Individuen).

Beispiel 2

1. Alle Menschen sind sterblich.
2. Keine Quadratzahl ist negativ.

In 1. gibt es kein Subjekt, aber zwei Prädikate: ist ein Mensch und ist sterblich. Aussage 1. will offenbar eine Subjunktion zum Ausdruck bringen. Man könnte schreiben:

> Für alle Individuen gilt: Wenn das Individuum ein Mensch ist, dann ist das Individuum sterblich.

Individuum ist hier kein Subjekt, denn als solches müsste es ja ein Name für ein Individuum sein. *Individuum* ist hier nichts Anderes als ein Platzhalter, also eine Variable. Bezeichnen wir diese Variable mit x, so erhalten wir:

> Für alle x gilt: Ist x ein Mensch, so ist x sterblich.

Die Bestandteile *x ist ein Mensch* und *x ist sterblich* sind Aussageformen mit einer freien Variablen. *Ist x ein Mensch, so ist x sterblich* ist als Subjunktion wieder eine Aussageform mit einer freien Variablen. In 1. ist die freie Variable gebunden. Es handelt sich somit um eine Aussage.

Auch 2. enthält kein Subjekt, aber zwei Prädikate: *ist eine Quadratzahl* und *ist negativ.* Es handelt sich um die Negation einer existentiellen Aussage. Wir können schreiben:

> Es ist nicht der Fall, dass es ein x gibt, sodass x eine Quadratzahl ist und x negativ ist.

Die einzige vorkommende Variable ist gebunden; 2. ist ebenfalls eine Aussage.

Aussagen und Aussageformen werden unter dem Begriff der **Formel** zusammengefasst. Wir bezeichnen Formeln hier mit griechischen Kleinbuchstaben φ, ψ, χ, ξ usw. Formeln können mittels logischen Operationen zu neuen Formeln zusammengesetzt werden: Sind φ und ψ Formeln, so sind auch $\neg\varphi$, $\varphi \wedge \psi$, $\varphi \vee \psi$, $\varphi \rightarrow \psi$ Formeln.

Enthält die Formel φ die freie Variable x, so schreiben wir dafür präziser $\varphi(x)$.

Beispiel 3

$\varphi(x)$: x ist eine Quadratzahl. $\psi(x)$: x ist nicht negativ.

$\varphi(x) \wedge \psi(x)$: x ist eine nicht negative Quadratzahl.

$\varphi(x) \rightarrow \psi(x)$: Wenn x eine Quadratzahl ist, so ist x nicht negativ.

Formal kann diese Subjunktion geschrieben werden als $\left[\exists y\left(x = y^2\right)\right] \rightarrow (x \geq 0)$.

Quantoren

Durch Voransetzen von Quantoren werden Variablen gebunden: In der obigen Subjunktion kommt x frei und y gebunden vor. Wird nun x durch den Allquantor gebunden, so ergibt sich:

$$\forall x\left[\exists y(x=y^2)\rightarrow(x\geq 0)\right]. \tag{A}$$

Andererseits kann die ursprüngliche Aussage von Beispiel 2.2 wie folgt formalisiert werden:

$$\neg\exists x\left[\exists y(x=y^2)\wedge(x<0)\right]. \tag{B}$$

Wir werden weiter unten auf dieses Beispiel zurückkommen.

Beachte: Durch Quantoren können nur Subjektvariable gebunden werden. Formelvariable (Variable für Aussagen oder Aussageformen) werden nicht gebunden.

Beispiel 4 Wir betrachten die Aussageformen

$$\varphi(x):\ x\geq 0,\qquad \psi(x):\ x^2\geq 0,\qquad \chi(x):\ x^2+1=0.$$

Dabei dürfen für die Variable x beliebige reelle Zahlen eingesetzt werden. Durch Binden der Subjektvariablen erhalten wir z. B. folgende Aussagen:

- $\exists x\varphi(x)$: Diese Aussage ist im Bereich der reellen Zahlen wahr. Da es sich um eine existentielle Aussage handelt, genügt ein Beispiel: $\varphi(1)$ ist wahr.
- $\forall x\psi(x)$: Auch diese Aussage ist wahr: Für jede Konstante c ist $\psi(c)$ wahr; $\psi(x)$ ist allgemeingültig.
- $\forall x\varphi(x)$: Diese Aussage ist falsch. Da es sich um eine generelle Aussage handelt, genügt ein Gegenbeispiel; $\varphi(-1)$ ist falsch.
- $\exists x\chi(x)$: Dies ist falsch. Die Gleichung $x^2+1=0$ hat keine reelle Lösung; $\chi(x)$ ist unerfüllbar.
- $\forall x(\varphi(x)\rightarrow\psi(x))$: Dies ist wahr, weil die Konklusion $\psi(x)$ allgemeingültig ist.

Für die im Zusammenhang mit Quantoren auftretenden Eigenschaften von prädikatlogischen Aussageformen werden die folgenden **Definitionen** verwendet:

1. Die prädikatlogische Aussageform $\varphi(x)$ ist **erfüllbar**, falls die Aussage $\exists x\varphi(x)$ wahr ist.
2. $\varphi(x)$ ist **unerfüllbar**, wenn $\exists x\varphi(x)$ falsch ist.
3. $\varphi(x)$ ist **allgemeingültig**, wenn die Aussage $\forall x\varphi(x)$ wahr ist.
4. $\varphi(x)$ ist **teilgültig**, wenn sie erfüllbar, aber nicht allgemeingültig ist.

In Beispiel 4 gilt: $\varphi(x)$ ist teilgültig, $\psi(x)$ allgemeingültig, $\chi(x)$ unerfüllbar.

Quantoren und logische Operationen

In der Aussagenlogik bezeichnet das Symbol $\Leftrightarrow$ die logische Äquivalenz. Dasselbe Symbol verwenden wir in der Prädikatlogik, um auszudrücken, dass die *Bijunktion* bei jeder Belegung der freien Subjektvariablen und der Formelvariablen in eine wahre Aussage übergeht.

Analog bedeutet das Symbol $\Rightarrow$ in der Prädikatlogik, dass die *Subjunktion* bei jeder Belegung der freien Subjektvariablen und der Formelvariablen in eine wahre Aussage übergeht.

Sind A und B zwei Formeln und gilt $A \Leftrightarrow B$ so sagen wir, dass A und B **äquivalent** sind oder auch dass A *notwendig und hinreichend* für B ist. Gilt $A \Rightarrow B$, aber $B \not\Rightarrow A$, so ist A *hinreichend* aber nicht *notwendig* für B.

Für die Negation von generellen und existentiellen Aussagen oder Aussageformen gelten die folgenden Regeln:

1. $\neg\big(\forall x \varphi(x)\big) \Leftrightarrow \exists x \neg\varphi(x)$.
2. $\neg\big(\exists x \varphi(x)\big) \Leftrightarrow \forall x \neg\varphi(x)$.

■

Zur Begründung geben wir die nachstehende Tabelle an:

Aussage	Wann ist sie wahr?	Wann ist sie falsch?
$\exists x\ \varphi(x)$	Für mindestens eine Konstante c ist $\varphi(c)$ wahr.	Für jede Konstante c ist $\varphi(c)$ falsch.
$\forall x\ \varphi(x)$	Für jede Konstante c ist $\varphi(c)$ wahr.	Es gibt mindestens eine Konstante c, für die $\varphi(c)$ falsch ist.
$\exists x\ \neg\varphi(x)$	Es gibt mindestens eine Konstante c, für die $\neg\varphi(c)$ wahr ist.	Für jede Konstante c ist $\neg\varphi(c)$ falsch.
$\forall x\ \neg\varphi(x)$	Für jede Konstante c ist $\neg\varphi(c)$ wahr.	Für mindestens eine Konstante c ist $\neg\varphi(c)$ falsch.

Weiter gelten die folgenden Regeln für Konjunktion und Disjunktion:

3. $\exists x\ \big(\varphi(x) \wedge \psi(x)\big) \ \Rightarrow\ \exists x\ \varphi(x) \wedge \exists x\ \psi(x)$.
4. $\exists x\ \big(\varphi(x) \vee \psi(x)\big) \ \Leftrightarrow\ \exists x\ \varphi(x) \vee \exists x\ \psi(x)$.
5. $\forall x\ \big(\varphi(x) \wedge \psi(x)\big) \ \Leftrightarrow\ \forall x\ \varphi(x) \wedge \forall x\ \psi(x)$.
6. $\forall x\ \big(\varphi(x) \vee \psi(x)\big) \ \Leftarrow\ \forall x\ \varphi(x) \vee \forall x\ \psi(x)$.

Weitere Zusammenhänge (Q steht hier für $\exists$ oder $\forall$):

7. $\mathrm{Q}x\ \big(\varphi(x) \rightarrow \psi(x)\big) \ \Leftrightarrow\ \mathrm{Q}x\ \big(\neg\varphi(x) \vee \psi(x)\big)$.
8. $\mathrm{Q}x\ \big(\varphi(x) \rightarrow \psi(x)\big) \ \Leftrightarrow\ \mathrm{Q}x\ \big(\neg\psi(x) \rightarrow \neg\varphi(x)\big)$.
9. $\mathrm{Q}x\ \neg\big(\varphi(x) \vee \psi(x)\big) \ \Leftrightarrow\ \mathrm{Q}x\ \big(\neg\varphi(x) \wedge \neg\psi(x)\big)$.
10. $\mathrm{Q}x\ \big(\varphi(x) \wedge (\psi(x) \vee \chi(x))\big) \ \Leftrightarrow\ \mathrm{Q}x\ \big((\varphi(x) \wedge \psi(x)) \vee (\varphi(x) \wedge \chi(x))\big)$.

usw.

Bemerkungen

1. Im Fall von Regel 3. besteht keine Äquivalenz. Für irgendeine teilgültige Aussageform $\varphi(x)$ setze man $\neg\varphi(x)$ für $\psi(x)$ ein. Dann ist $\big(\exists x\ \varphi(x)\big) \wedge \big(\exists x\ \neg\varphi(x)\big)$ wahr nach unserer Annahme; jedoch ist $\exists x\ \big(\varphi(x) \wedge \neg\varphi(x)\big)$ falsch. Auf ähnliche Weise zeigt man, dass auch Regel 6. keine Äquivalenz ist.
2. Jeder aussagenlogischen Tautologie entspricht in der Prädikatlogik eine „Äquivalenz" von Formeln. Beim Binden von Subjektvariablen bleibt diese Äquivalenz bestehen.

Beispiel 5

1. Wir betrachten die Aussageformen

   $\eta(x)$: „x ist ungerade" und $\zeta(x)$: „x^2+1 ist gerade".

   Dabei sollen für die Variablen nur natürliche Zahlen eingesetzt werden. Wir gehen aus von der wahren Aussage:

   „Wenn x ungerade ist, dann ist x^2+1 gerade."

   Formal: $\forall x\ (\eta(x) \to \zeta(x))$.

   Wir formalisieren die Negation dieser Aussage, bringen diese dann in möglichst einfache Form und übersetzen sie in die Umgangssprache. Für die benötigten Umformungsschritte verwenden wir die weiter oben dargestellten Zusammenhänge:

$$\begin{aligned}\neg\forall x\ (\eta(x) \to \zeta(x)) \quad &\Leftrightarrow \quad \exists x\ \neg(\eta(x) \to \zeta(x))\\ &\Leftrightarrow \quad \exists x\ \neg(\neg\eta(x) \vee \zeta(x))\\ &\Leftrightarrow \quad \exists x\ (\neg\neg\eta(x) \wedge \neg\zeta(x))\\ &\Leftrightarrow \quad \exists x\ (\eta(x) \wedge \neg\zeta(x))\,.\end{aligned}$$

   Umgangssprachlich: „Es gibt eine Zahl x so, dass sowohl x als auch x^2+1 ungerade sind."

2. Wir beschließen dieses Kapitel mit dem Nachweis, dass die Aussagen (A) und (B) auf S. 22 auch in formalisierter Form äquivalent sind.

   Wir haben schon $\varphi(x)$ für $\exists y(x=y^2)$ und $\psi(x)$ für $x \geq 0$ eingeführt (vgl. Beispiel 3 S. 21).

$$\begin{aligned}&\neg\exists x\ (\varphi(x) \wedge \neg\psi(x)) && \text{(A)}\\ \Leftrightarrow\quad &\forall x\ \neg(\varphi(x) \wedge \neg\psi(x))\\ \Leftrightarrow\quad &\forall x\ (\neg\varphi(x) \vee \psi(x))\\ \Leftrightarrow\quad &\forall x\ (\varphi(x) \to \psi(x)). && \text{(B)}\end{aligned}$$

1.5 Aufgaben zur Logik

1. **Terme, Aussagen, Aussageformen**

   In dieser Aufgabe bezeichnet n stets eine *natürliche* Zahl, x, y sind stets *reelle* Zahlen. Welche der folgenden Ausdrücke sind *Aussagen*, welche sind *Aussageformen* und welche sind *Terme*? Begründen Sie Ihre Antworten.

   a) $2n+1$

   b) $2n+1$ ist eine ungerade Zahl.

   c) Für jede natürliche Zahl n ist die Zahl $2n+1$ ungerade.

   d) $2x+1=12$

   e) $(x+1)^2 = x^2+2x+1$

   f) Wenn $x+2<10$, dann ist $x<5$.

g) Wenn 7 eine gerade Zahl ist, können Katzen fliegen.

h) Die Gleichung $2x^2 + 3y^2 = 1$ hat keine Lösung.

i) Die Zahl 123456789 ist eine Primzahl.

2. **Umgangssprache und logische Symbole**
In dieser Aufgabe bezeichnen die Variablen stets reelle Zahlen.

a) Drücken Sie die folgenden Aussagen bzw. Aussageformen mit Hilfe *logischer Symbole* aus:

i. Für die Zahlen x und y gilt $y \neq 0$ und $x^2 = 2y^2$.

ii. Für eine beliebige Zahl x gilt: Wenn das Produkt von x und y gleich 1 ist, dann ist x kleiner als 1.

iii. Für zwei beliebige Zahlen gilt: Wenn ihr Produkt gleich Null ist, dann ist mindestens eine der beiden Zahlen gleich Null.

b) Ersetzen Sie in den nachstehenden Formeln die logischen Symbole durch *Ausdrücke der Umgangssprache*:

i. $\forall x \left(x \cdot y = 0 \rightarrow y = 0\right)$

ii. $\exists y \left(x \neq y \wedge x^2 = y^2\right)$

3. **Freie oder gebundene Variable**
Für sämtliche Ausdrücke der Aufgabe 2 gebe man an, welche Variablen *frei* und welche *gebunden* vorkommen. Bei Aussagen bestimme man, ob sie *wahr* oder *falsch* sind. Im Falle von Aussageformen entscheide man, ob sie *allgemeingültig*, *teilgültig* oder *unerfüllbar* sind.

4. **Tautologie und Kontradiktion**
Welche der folgenden Aussageformen sind *Tautologien*, welche sind *Kontradiktionen*? Begründen Sie Ihre Antwort mittels Wahrheitstafeln.

a) $(p \wedge \neg q) \wedge (p \rightarrow q)$

b) $\left(\neg(p \vee q) \wedge p\right) \rightarrow \neg p$

c) $\left((p \wedge \neg r) \wedge \neg q\right) \rightarrow \left(\neg(r \vee q) \wedge p\right)$

5. **Logische Äquivalenz 1**
Ersetzen Sie die nachstehenden Aussageformen durch möglichst einfache *logisch äquivalente* Aussageformen. Weisen Sie die Äquivalenzen durch schrittweises Umformen nach. Geben Sie bei jedem Schritt an, welches Gesetz bzw. welche Umformungsregel (vgl. S. 12 bzw. S. 11) Sie dabei verwendet haben.

a) $\neg(p \wedge q) \vee (\neg p \wedge q)$

b) $(p \wedge \neg q) \rightarrow \neg(p \leftrightarrow q)$

c) $\neg\left[(\neg p \vee q) \wedge (\neg p \vee \neg q)\right] \rightarrow \left[(p \wedge q) \vee (\neg p \wedge q)\right]$

6. **Logische Äquivalenz 2**
Wir definieren die logische Operation $\star$ wie folgt: $p \star q \Leftrightarrow \neg p \wedge \neg q$.

a) Ersetzen Sie die folgenden Aussageformen durch möglichst einfache *logisch äquivalente* Aussageformen, in denen als Operationszeichen nur $\neg, \wedge, \vee$ vorkommen:

i. $p \star p$

ii. $p \star (q \star q)$

iii. $\left(p \star (q \star q)\right) \star \left((p \star p) \star q\right)$

b) Gesucht sind logisch äquivalente Aussageformen, in denen als Operationszeichen nur $\star$ vorkommt:

i. $p \wedge q$
ii. $p \vee q$
iii. $p \to q$

7. **Logisches Puzzle**
Erstellen Sie mit Hilfe eines oder mehrerer Quantoren und einer Aussageform über $\mathbb{N} = \{1, 2, 3, \dots\}$ aus der folgenden Liste

$$\exists x, \quad \forall x, \quad \forall y, \quad x - y = x + y, \quad x \text{ teilt } y, \quad x < 3y.$$

je eine
a) teilgültige Aussageform,
b) allgemeingültige Aussageform,
c) unerfüllbare Aussageform,
d) wahre Aussage,
e) falsche Aussage.

8. **Negation und Umkehrung der Subjunktion**
a) Bestimmen Sie die Negation der folgenden Subjunktionen in möglichst einfacher logischer und arithmetischer Form:
i. Wenn ich reich bin, dann bin ich glücklich.
ii. Wenn $x > 2$, dann $x > 0$.
iii. $(\neg p \wedge q) \to q$
iv. $(x \neq y) \to (x < y \vee y < x)$

b) Wir betrachten die Subjunktion $\varphi(m, n)$: $(m < n) \to (m > n)$ in $\mathbb{N}_0$.
Bestimmen Sie die
i. Konversion
ii. Inversion
iii. Kontraposition
iv. Negation

von $\varphi(m, n)$ (vgl. S. 14/15) in möglichst einfacher logischer und arithmetischer Form. Dabei soll das Zeichen $\neg$ nicht vokommen.

c) Zeigen Sie, dass die Aussageform $\varphi(m, n)$ teilgültig ist.

9. **Negation von generellen und existentiellen Aussagen/Aussageformen**
a) Bestimmen Sie für die folgenden Aussagen bzw. Aussageformen je eine zur Negation äquivalente Formel, in der das Zeichen $\neg$ nicht vorkommt. Die Variablen x, y, ε bezeichnen reelle, die Variablen n, k natürliche Zahlen.
i. $\exists x \left[(x^2 > 0) \wedge (y + x < 0)\right]$
ii. $\forall x \forall y \left[(x^2 + y^2 = 9) \to (x \neq 3 \vee y \neq 3)\right]$
iii. $\forall x \exists y \left[(xy = x + y) \vee (x = 1)\right]$
iv. $\forall \varepsilon \left[(\varepsilon > 0) \to \exists k \forall n \left((n \geq k) \to (\frac{1}{n} < \varepsilon)\right)\right]$

b) Entscheiden Sie, ob die Aussagen (ii) und (iii) wahr oder falsch sind.

10. **Logischer Schluss**
Entscheiden Sie, ob der nachstehende logische Schluss korrekt ist.

Prämissen:

a) Wenn Paul Ferien hat, muss Reto nicht studieren.

b) Paul hat Ferien oder Sarah besteht die Mathematikprüfung.

c) Wenn Sarah die Mathematikprüfung besteht, muss Reto nicht studieren.

Konklusion: Sarah besteht die Mathematikprüfung oder Reto muss nicht studieren.

Verwenden Sie die für logische Schlüsse reduzierte Wahrheitstafel (vgl. S. 18).

11. **Reductio ad absurdum**

a) Wir betrachten den folgenden korrekten logischen Schluss über Tierarten:
Kein Vogel ist ein Säugetier. Wäre der Straußvogel ein Säugetier, dann gäbe es einen Vogel, der auch ein Säugetier ist. Folglich ist der Straußvogel kein Säugetier.
Benennen Sie die elementaren Aussagen und die logische Implikation, die diesen Schluss bilden.

b) Beweisen Sie indirekt, dass $\log_2(3)$ eine irrationale Zahl ist.
Zur Erinnerung: Für reelle Zahlen x, y mit $x > 0$ gilt: $y = \log_2(x)$ genau dann, wenn $x = 2^y$.

12. **Notwendig oder hinreichend**
Wir betrachten prädikatlogische Aussageformen mit Grundmenge $\mathbb{Z}$. Beschreiben Sie den Zusammenhang zwischen den zwei angegebenen prädikatlogischen Aussageformen mit Hilfe der Begriffe „notwendig“ und „hinreichend“.

a) $r(x): \Leftrightarrow$ x ist durch 12 teilbar;

$s(x): \Leftrightarrow$ x ist ein Vielfaches von 4.

b) $p(x, y): \Leftrightarrow \frac{x}{y}$ ist eine ganze Zahl;

$q(y): \Leftrightarrow y = 1$.

c) Bestimmen Sie zur Aussageform $v(x): \Leftrightarrow x^2 - 4x = 0$

i) eine notwendige, aber nicht hinreichende Aussageform $w(x)$;
ii) eine hinreichende, aber nicht notwendige Aussageform $t(x)$;
iii) eine notwendige und hinreichende Aussageform $g(x)$.

13. **Notwendig oder hinreichend**

a) Wir betrachten die Aussagen A und B:

A: Alle Autos in Rom sind von der Marke Fiat oder von der Marke Lamborghini.
B: Alle Autos in Rom sind von der Marke Fiat oder alle Autos in Rom sind von der Marke Lamborghini.

Ist A notwendig bzw. hinreichend für B oder sind A und B äquivalent?

b) Wir betrachten die Aussagen C und D:

C: Es gibt Autos in Rom, die von der Marke Fiat sind oder es gibt Autos in Rom, die von der Marke Lamborghini sind.
D: Es gibt Autos in Rom, die von der Marke Fiat oder von der Marke Lamborghini sind.

Ist C notwendig bzw. hinreichend für D oder sind C und D äquivalent?

14. **Konjunktion und Disjunktion mit Quantoren**
Wir betrachten prädikatlogische Aussageformen über ganze Zahlen.
Sei $\varphi(x): \Leftrightarrow x$ ist eine Primzahl.

a) Bestimmen Sie eine Aussageform $\psi(x)$ an, derart dass

die Aussage	$\exists x\big(\varphi(x)\big) \wedge \exists x\big(\psi(x)\big)$	wahr,
die Aussage	$\exists x\big(\varphi(x) \wedge \psi(x)\big)$	hingegen falsch ist.

b) Bestimmen Sie eine Aussageform $\psi(x)$ an, derart dass

die Aussage	$\forall x\big(\varphi(x) \vee \psi(x)\big)$	wahr,
die Aussage	$\forall x\big(\varphi(x)\big) \vee \forall x\big(\psi(x)\big)$	hingegen falsch ist.

2 Mengen

2.1 Mengen und Teilmengen

Georg Cantor[1] gab folgende **„Definition“**:

*Unter einer **Menge** verstehen wir jede Zusammenfassung M von bestimmten wohlunterschiedenen Objekten unserer Anschauung oder unseres Denkens (welche die **Elemente** von M genannt werden) zu einem Ganzen.*

Bild 2.1 Georg Cantor

Kritik an dieser Definition:

1. Dies ist keine mathematische Definition im üblichen Sinn. Als solche müsste sie eine *Abkürzung* sein *für einen komplizierteren aber präzis festgelegten Sachverhalt.* Dies ist hier sicher nicht der Fall. Die „Zusammenfassung von bestimmten ...“ ist lediglich eine Hilfe für das intuitive Verständnis des Mengenbegriffs.
2. „Bestimmt“: Die zu einer Menge zusammengefassten Objekte sollen „bestimmt und wohlunterschieden sein“. Die mathematische Präzision verlangt, dass von jedem Objekt feststeht, ob es zur betreffenden Menge gehört oder nicht. In den nachstehenden

[1] Georg Cantor (1845–1918), deutscher Mathematiker dänischer Herkunft, Begründer der Mengenlehre

mathematischen Beispielen 1.1 und 1.2 ist diese Präzision selbstverständlich, bei Beispiel 1.3, wo „Objekte unserer Anschauung“ zusammengefasst werden, ist dies weniger klar.

Beispiel 1 Beispiele zum Mengenbegriff

1. Die Menge der *natürlichen Zahlen.* Das sind die positiven ganzen Zahlen. Wir haben eine gute intuitive Vorstellung, was damit gemeint ist. Allerdings wird diese Vorstellung im Kapitel 4 doch etwas in Frage gestellt werden.
2. Die Menge der natürlichen Zahlen n, für welche die Gleichung $x^n + y^n = z^n$ eine *nichttriviale* ganzzahlige Lösung besitzt. Eine Lösung dieser Gleichung ist ein geordnetes Tripel von natürlichen Zahlen (x, y, z), für welches die Gleichung erfüllt ist. Ein solches Tripel nennt man *trivial,* falls $x = 0$ oder $y = 0$. Die Frage, welche Zahlen zu dieser Menge gehören, ist das 350 Jahre alte sogenannte *Fermat-Problem.* Pierre de Fermat[2] gab an, er habe bewiesen, dass diese Gleichung für $n \geq 3$ nur die trivialen Lösungen besitze. Leider hat niemand diesen Beweis gesehen. Einige der berühmtesten Mathematiker wie Leonhard Euler (vgl. S. 2) und Carl Friedrich Gauß[3] haben zu diesem Problem im besten Fall Teilresultate beigesteuert. Dies legt die Vermutung nahe, dass Fermats Beweis nicht stichhaltig war. Dieses Problem ist inzwischen jedoch gelöst worden. Die Vermutung von Fermat wurde 1994 von Andrew Wiles[4] und Richard Taylor[5] bewiesen. Auch wenn wir nicht in der Lage sind, den Beweis von Wiles und Taylor nachzuvollziehen, sind wir doch davon überzeugt, dass *prinzipiell* von jeder Zahl *feststeht,* ob sie zu dieser Menge gehört oder nicht.
3. Die Menge der Leser des Bestsellers *Fermats Last Theorem* [Sin97] ist eine Zusammenfassung von Objekten unserer Anschauung. Wie aber wird der Begriff „Leser“ definiert? Wieviel muss man von diesem Buch gelesen haben, um zu dieser Menge zu gehören? Genügt z. B. Diagonallesen?

Wir werden im Abschnitt 2.2 erfahren, dass Cantors Mengendefinition nicht nur im Bereich der Alltagssprache, sondern auch in der Mathematik selber Probleme aufwirft.

Im Folgenden verwenden wir die nachstehenden Bezeichnungen:

Lateinische Großbuchstaben	$A, B, C, \ldots, M, N, \ldots, X, Y, Z$	für **Mengen**,
lateinische Kleinbuchstaben	$a, b, c, \ldots, m, n, \ldots, x, y, z$	für **Elemente**.

$a \in M$ ist eine prädikatlogische Aussageform und bedeutet: a ist **Element** von M.
$a \notin M$ wird verwendet anstelle von $\neg(a \in M)$.

Fassen wir Elemente, die schon Mengen sind, zu neuen Mengen zusammen, so werden wir letztere mit Buchstaben wie $\mathcal{A}, \mathcal{B}, \mathcal{C}, \ldots, \mathcal{M}, \ldots$ bezeichnen. Ein Beispiel dafür ist die Potenzmenge (vgl. S. 35).

Sind sämtliche Elemente einer Menge explizit bekannt, so kann diese Menge in der **aufzählenden Form** geschrieben werden:

$$M = \{1, 2, 3, 6, 9, 18\}$$

M ist die Menge, welche genau die Zahlen $1, 2, 3, 6, 9, 18$ umfasst.

---

2 Pierre de Fermat (1601–1665), französischer Jurist und Mathematiker
3 Carl Friedrich Gauß (1777–1855), bedeutender deutscher Mathematiker und Astronom
4 Sir Andrew John Wiles (*1953), britischer Mathematiker
5 Richard Lawrence Taylor (*1962), britischer Mathematiker

Auch unendliche Mengen können unter Umständen so dargestellt werden:

$$\left.\begin{array}{l}\mathbb{N}_0 = \{0,1,2,3,4,5,\dots\} \\ \mathbb{N} = \{1,2,3,4,5,6,\dots\}\end{array}\right\} \quad \text{Mengen der natürlichen Zahlen,}$$

$$\mathbb{Z} = \{\dots,-2,-1,0,1,2,\dots\} \quad \text{Menge der ganzen Zahlen.}$$

Wir verwenden die Bezeichnungen $\mathbb{Q}$ für die Menge der *rationalen* und $\mathbb{R}$ für die Menge der *reellen* Zahlen.

Es folgen einige Definitionen, welche an einfachen Beispielen illustriert werden.

Definition Zwei Mengen sind **gleich**, wenn sie dieselben Elemente umfassen.

Beispiel 2 Die Mengen $\{1,2,3\}$, $\{3,1,2\}$ und $\{1,3,1,2\}$ sind (paarweise) gleich:

$$\{1,2,3\} = \{3,1,2\} = \{1,3,1,2\}\ .$$

Beachte: Bei der aufzählenden Form kommt es nicht auf die Reihenfolge an; zudem kann dasselbe Element mehr als einmal vorkommen.

Definition Die Menge B ist eine **Teilmenge** (oder **Untermenge**) der Menge A, falls jedes Element von B auch Element von A ist; symbolisch

$$B \subseteq A$$

Beispiel 3 Es seien $A = \{1,2,3,4,5\}$, $B = \{1,3,5\}$, $C = \{2,4,5\}$. Dann gelten:

$$B \subseteq A, \quad C \subseteq A, \quad A \subseteq A, \quad \text{aber} \quad \neg(B \subseteq C)\ .$$

Für Letzteres schreiben wir: $B \not\subseteq C$.

Satz 1
Für jede Menge A gilt $A \subseteq A$.

■

Definition Ist B eine Teilmenge von A mit $B \neq A$, so heißt B **echte Teilmenge** von A. Wir schreiben dafür: $B \subset A$.

Beispiel 4 Es gelten die Beziehungen: $\mathbb{N} \subset \mathbb{N}_0$, $\mathbb{N}_0 \subset \mathbb{Z}$, $\mathbb{Z} \subset \mathbb{Q}$, $\mathbb{Q} \subset \mathbb{R}$.
Natürlich gelten auch $\mathbb{N} \subset \mathbb{Q}$ oder $\mathbb{N}_0 \subset \mathbb{R}$.

Allgemein gilt der folgende Satz:

Satz 2
Gegeben seien die Mengen A, B, C.

1. Wenn $C \subseteq B$ und $B \subseteq A$, dann $C \subseteq A$.
2. Wenn $C \subseteq B$ und $B \subseteq A$ sowie $C \neq B$ oder $B \neq A$, dann $C \subset A$.

■

Satz 3
Zwei Mengen A, B sind genau dann *gleich*, wenn $A \subseteq B$ und $B \subseteq A$.

■

Die Gültigkeit beider Sätze ist intuitiv klar. Gleichheit und Teilmengenbeziehung sind *zweistellige Prädikate*; die Gleichheit nennt man auch **Identität**, die Teilmengenbeziehung heißt **Inklusion**.

Definition Eine Menge heißt **leer**, wenn sie keine Elemente umfasst.

Bemerkung Je zwei *leere* Mengen sind *gleich*, denn sie umfassen dieselben Elemente, nämlich keine.

Die eindeutige leere Menge wird mit $\emptyset$ bezeichnet.

Satz 4
Die eindeutige leere Menge ist in jeder Menge als Teilmenge enthalten:
Für jede Menge A gilt $\emptyset \subseteq A$.
■

Beweis Es ist zu zeigen, dass jedes Element von $\emptyset$ auch Element von A ist. Da aber $\emptyset$ gar keine Elemente enthält, ist somit auch nichts zu zeigen. ■

Bemerkung Dieser paradox anmutende Beweis wird klarer, wenn man die Definition der Inklusion formalisiert: $B \subseteq A \quad \Leftrightarrow \quad \forall x\,(x \in B \rightarrow x \in A)$.
Insbesondere haben wir: $\emptyset \subseteq A \quad \Leftrightarrow \quad \forall x\,(x \in \emptyset \rightarrow x \in A)$.

Die Formel $\forall x\,(x \in \emptyset \rightarrow x \in A)$ ist für jede Menge A wahr, weil die Hypothese $x \in \emptyset$ unerfüllbar ist.

Analog zur Inklusion formalisieren wir die Mengengleichheit:

$$B = A \quad \Leftrightarrow \quad \forall x\,(x \in B \leftrightarrow x \in A)\,.$$

2.2 Mengen und prädikatlogische Aussageformen

Zu jeder prädikatlogischen Aussageform gehört ein Bereich von Zahlen oder anderen Objekten, aus dem für die Subjektvariablen Konstante eingesetzt werden können. Ein solcher Bereich ist nichts Anderes als eine *Menge*. Diese werden wir im Folgenden **Grundmenge** nennen.

Beispiel 1 Zur Aussageform: „x ist ein Teiler von 18" (kurz: $x|18$) gehört die Grundmenge $\mathbb{N}$. Die dadurch ausgesonderte Teilmenge von $\mathbb{N}$ ist

$$A = \{1, 2, 3, 6, 9, 18\}\,.$$

Dafür schreiben wir auch

$$A = \{x \in \mathbb{N} \mid x \text{ ist Teiler von } 18\}\,.$$

Zu einer beliebigen prädikatlogischen Aussageform $\varphi(x)$ mit der Grundmenge G gehört die Menge

$$M = \{x \in G \mid \varphi(x)\}.$$

Sie besteht aus allen Konstanten c der Grundmenge G, für welche $\varphi(c)$ eine *wahre* Aussage ist. Dies nennen wir die **beschreibende Form** der Mengendarstellung.

Beispiel 2 Wir betrachten die Aussageform $\varphi(x)\colon x^2 + 1 = 0$ mit der Grundmenge $\mathbb{R}$. Die Gleichung $x^2 + 1 = 0$ hat keine reelle Lösung. Es gilt also

$$\{x \in \mathbb{R} \mid x^2 + 1 = 0\} = \emptyset.$$

Definition Die Menge $\{x \in G \mid \varphi(x)\}$ heißt **Lösungsmenge** der prädikatlogischen Aussageform $\varphi(x)$. Sie wird im Folgenden mit $\mathbb{L}_\varphi$ bezeichnet.

Beispiel 3 Wir bestimmen die Lösungsmengen der folgenden Aussageformen:
$\varphi(x)\colon\; x^2 - 5x + 6 = 0,$
$\psi(x)\colon\; x$ ist Primteiler von 6,
$\chi(x)\colon\; x - 1 < x + 1,$
$\xi(x)\colon\; x - 1 \geq x + 1,$
bezüglich der Grundmenge $\mathbb{Z}$. Wir erhalten

$$\mathbb{L}_\varphi = \mathbb{L}_\psi = \{2, 3\}, \quad \mathbb{L}_\chi = \mathbb{Z}, \quad \mathbb{L}_\xi = \emptyset.$$

Mit anderen Worten sind $\varphi(x)$ und $\psi(x)$ teilgültig, $\chi(x)$ ist allgemeingültig, und $\xi(x)$ ist unerfüllbar. Zudem haben $\varphi(x)$ und $\psi(x)$ dieselbe Lösungsmenge.

Für eine beliebige prädikatlogische Aussageform $\varphi(x)$ mit der Grundmenge G gelten (vgl. S. 22):

1. $\varphi(x)$ ist *erfüllbar*, genau dann wenn $\mathbb{L}_\varphi \neq \emptyset$.
2. $\varphi(x)$ ist *unerfüllbar*, genau dann wenn $\mathbb{L}_\varphi = \emptyset$.
3. $\varphi(x)$ ist *allgemeingültig*, genau dann wenn $\mathbb{L}_\varphi = G$.
4. $\varphi(x)$ ist *teilgültig*, genau dann wenn $\mathbb{L}_\varphi \neq \emptyset$ und $\mathbb{L}_\varphi \neq G$.

Bemerkung Für zwei prädikatlogische Aussageformen $\varphi(x)$ und $\psi(x)$ mit derselben Grundmenge gilt $\varphi(x) \Leftrightarrow \psi(x)$ genau dann, wenn $\mathbb{L}_\varphi = \mathbb{L}_\psi$ (vgl. S. 23).

Die Russellsche Antinomie

Lässt man bei der Mengenbildung die Grundmenge (also das Bezugssystem) weg, so können sich gravierende Probleme ergeben.

Nach Cantors Mengendefinition können folgende Mengen gebildet werden:

M: die Menge aller Mengen,
U: die Menge aller unendlichen Mengen,
Z: die Menge aller Zusammenfassungen.

Für diese Mengen gelten: $M \in M$, $U \in U$, $Z \in Z$; jede dieser Mengen enthält sich selbst als Element. Ausgehend von der Aussageform $X \in X$ hat Bertrand Russell (vgl. S. 8) im Jahr 1901 die folgende **Antinomie** (Widerspruch) aufgedeckt. Wir betrachten dazu die sog. **Russellsche** Menge

$$R = \{X \mid X \notin X\} .$$

R ist sozusagen die Menge aller „vernünftigen" Mengen. Beispiele wie die obigen sind damit ausgeschlossen.

Nun sollte jedoch festgestellt werden können, ob die Aussage $R \in R$ wahr ist.

- Annahme: $R \in R$ sei wahr. Nach Definition von R gilt dann: $R \notin R$. Dies ist aber ein Widerspruch. Also war die Annahme falsch; d. h. es gilt: $R \notin R$.
- Annahme: $R \notin R$ sei wahr. Nach Definition von R gilt diesmal: $\neg(R \notin R)$, d. h. $R \in R$. Dies ist aber ebenfalls ein Widerspruch, d. h. es gilt $R \in R$.

Durch *Reductio ad absurdum* haben wir also gezeigt, dass sowohl $R \in R$ als auch $R \notin R$ wahr sind. Wir wissen aber, dass die Aussageform $p \wedge \neg p$ eine Kontradiktion ist.

Bild 2.2 Bertrand Russell

Russell kleidete diese Antinomie in die folgende amüsante Geschichte ein [Sch66]:

> In einem irischen Dorf schließt ein Barbier mit dem Gemeinderat den Vertrag, er werde genau diejenigen Dorfbewohner rasieren, die sich nicht selber rasieren. Nach einem Jahr wird er vom Gemeinderat verklagt, denn er habe sich in diesem Jahr stets selbst rasiert und damit den Vertrag gebrochen. „Das geschieht mir nur einmal", denkt der Dorfbader, der es noch nicht gemerkt hat, geht zum Nachbarn und lässt sich von ihm rasieren. Was wird geschehen?

Es stellt sich heraus, dass Cantors Definition zu allgemein ist; die Mengenbildung muss eingeschränkt werden. Der rigoroseste Vorschlag in dieser Richtung stammt von Russell selbst (die sog. *Typentheorie*, erstmals 1908 veröffentlicht).

Er geht von einer gewissen Grundmenge aus, welche aus sog. *Urelementen* besteht. (Dies sind die *Mengen nullter Stufe* oder vom Typus 0.) Aus diesen Urelementen können Mengen (*erster Stufe*) gebildet werden. Ferner können Mengen von Urelementen wieder zu Mengen zusammengefasst werden (dies sind dann die *Mengen zweiter Stufe*), usw. Es ist hingegen verboten, eine Menge zu bilden, die gleichzeitig Urelemente und Mengen von Urelementen enthält. Mengen dürfen nur dann zu einer neuen Menge zusammengefasst werden, wenn sie zur selben Stufe gehören. Mit der Grundmenge $\mathbb{N}$ können wir etwa die Mengen $A = \{1,2,3\}$ und $B = \{10,12\}$ bilden. Dies sind Mengen *erster Stufe*, während $\mathcal{M} = \{A, B\}$ eine Menge *zweiter Stufe* ist. Hingegen ist $\mathcal{N} = \{4, A\}$ *keine* Menge im Russellschen Sinn.
Es hat sich herausgestellt, dass der radikale Russellsche Weg, solche Antinomien zu vermeiden, die Freiheit der Mengenbildung für den Mathematiker zu stark einschränkt. Ein typen- oder stufenfreier Aufbau der Mengenlehre, in der die Russellsche Antinomie nicht vorkommt, wurde von Ernst Zermelo[6] schon 1908 angegeben und in den 1920er Jahren von Abraham (Adolf) Fraenkel[7] und von Albert Thoralf Skolem[8] ergänzt und präzisiert. Diese sog. *Zermelo-Fraenkelsche Mengenlehre* geht – ähnlich wie die Typentheorie – von einer Grundmenge (auch *relative Allmenge* genannt) aus. Jede prädikatlogische Aussageform mit dieser Grundmenge definiert nun eine Teilmenge davon. Solche Teilmengen können wieder zu Mengen zusammengefasst werden, usw. Im Gegensatz zur Typentheorie dürfen jetzt aber auch Mengen verschiedener Stufe als Elemente derselben Menge vorkommen. Dies entspricht unserem Aufbau in diesem Abschnitt. ■

Wir gehen also im Folgenden stets von einer Grundmenge G aus und nehmen an, G sei nicht leer. Es sei A eine Teilmenge von G.

Definition Die Menge $\{M \mid M \subseteq A\}$ heißt **Potenzmenge** von A und wird mit $\mathcal{P}(A)$ bezeichnet.

Beispiel 4 Es seien $G = \mathbb{N}$ und $A = \{1,2,3\}$. Dann ist

$$\mathcal{P}(A) = \{\emptyset, \{1\}, \{2\}, \{3\}, \{1,2\}, \{1,3\}, \{2,3\}, A\}.$$

1. Für jede nichtleere Menge A enthält die Potenzmenge *mindestens zwei* Elemente, nämlich $\emptyset$ und A.
2. In der Axiomatischen Mengenlehre wird die Existenz der Potenzmenge als Axiom formuliert.

2.3 Mengenalgebra

Wir führen hier die Mengenoperationen *Durchschnitt*, *Vereinigung* und *Differenz* ein, veranschaulichen diese anhand von Venn-Diagrammen und studieren die Gesetze, die für diese Operationen gelten.

6 Ernst Zermelo (1871–1953), deutscher Mathematiker
7 Abraham (Adolf) Fraenkel (1891–1965), deutsch/israelischer Mathematiker
8 Albert Thoralf Skolem (1887–1963), norwegischer Mathematiker

Definition Gegeben sind eine Grundmenge G sowie die Teilmengen $A, B \subseteq G$.

1. Die Menge derjenigen Elemente von G, welche *sowohl* zu A *als auch* zu B gehören, heißt **Durchschnitt** oder **Schnittmenge** von A und B und wird mit $A \cap B$ bezeichnet. Somit gilt:
$$A \cap B = \{x \in G \mid x \in A \wedge x \in B\}.$$
2. Die Menge derjenigen Elemente von G, welche zu A *oder* zu B gehören, heißt **Vereinigung** oder **Vereinigungsmenge** von A und B und wird mit $A \cup B$ bezeichnet. Es gilt also:
$$A \cup B = \{x \in G \mid x \in A \vee x \in B\}.$$
3. Die **Differenz** oder **Differenzmenge** von A und B ist die Menge derjenigen Elemente von A, welche nicht zu B gehören. Die Differenz wird mit $A \setminus B$ bezeichnet. Also haben wir:
$$A \setminus B = \{x \in G \mid x \in A \wedge x \notin B\}.$$
4. Das **Komplement** der Menge A in G ist die Differenz $G \setminus A$. Das Komplement wird mit $\overline{A}$ bezeichnet; also gilt:
$$\overline{A} = \{x \in G \mid x \notin A\}.$$

Bemerkung Für die Definition der Mengenoperationen $\cap$, $\cup$ bzw. $\overline{}$ werden die *logischen* Operationen $\wedge$, $\vee$ bzw. $\neg$ verwendet.

Beispiel 1 Es seien $G = \{1,2,3\ldots,9,10\}$, $A = \{1,2,3,4,5\}$, $B = \{3,4,5,6,7\}$ und $C = \{7,8,9\}$. Damit erhalten wir

$$A \cap B = \{3,4,5\}, \qquad B \cap C = \{7\}, \qquad A \setminus B = \{1,2\},$$
$$A \cup B = \{1,2,3,4,5,6,7\}, \qquad A \cap C = \emptyset, \qquad \overline{B} = \{1,2,8,9,10\}.$$

Was im Aussagenkalkül die Wahrheitstafeln, das sind in der Mengenalgebra die **Mitgliedtafeln**:

Zeile	A	B	$A \cap B$	$A \cup B$	$A \setminus B$	$\overline{A}$
1.	$\notin$	$\notin$	$\notin$	$\notin$	$\notin$	$\in$
2.	$\notin$	$\in$	$\notin$	$\in$	$\notin$	$\in$
3.	$\in$	$\notin$	$\notin$	$\in$	$\in$	$\notin$
4.	$\in$	$\in$	$\in$	$\in$	$\notin$	$\notin$

Den vier Zeilen der Mitgliedtafel für zweistellige Mengenoperationen entsprechen die vier mit Nummern versehenen Gebiete des *Venn*[9]*-Diagramms.*

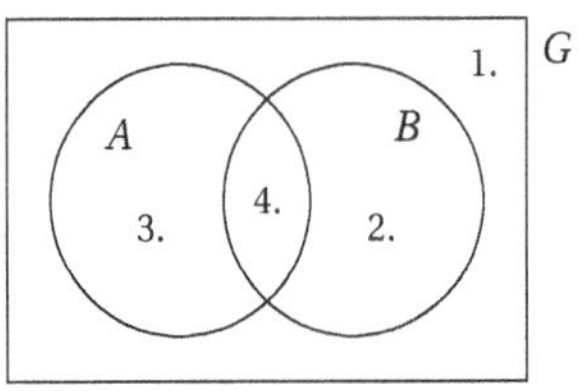

[9] benannt nach dem englischen Mathematiker und anglikanischen Geistlichen John Venn Junior (1834–1923).

Zur Veranschaulichung der Operationen werden die entsprechenden Gebiete schraffiert:

$A \cap B$:

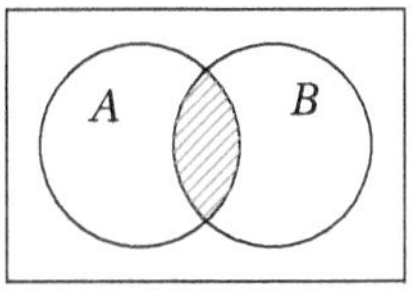

$A \cup B$:

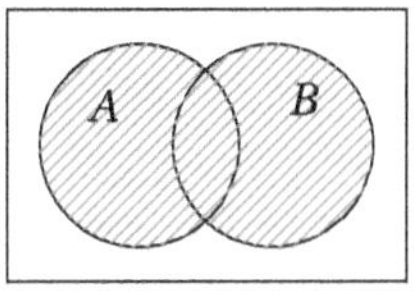

$A \setminus B$:

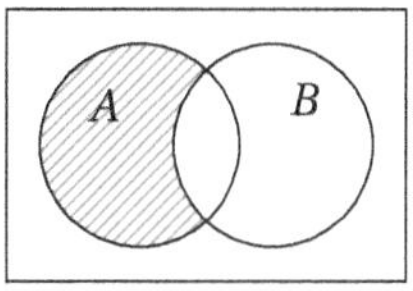

$\overline{A}$:

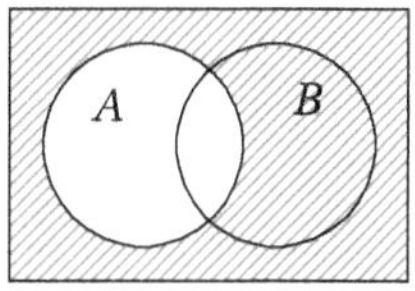

Gesetze der Mengenalgebra

Gegeben sei die Grundmenge G. Die folgenden Aussageformen sind in $\mathcal{P}(G)$ allgemeingültig.

1.	$\overline{\overline{A}} = A$	Gesetz des doppelten Komplements
2.	a) $\overline{A \cap B} = \overline{A} \cup \overline{B}$ b) $\overline{A \cup B} = \overline{A} \cap \overline{B}$	De Morgansche Gesetze
3.	a) $A \cap B = B \cap A$ b) $A \cup B = B \cup A$	Kommutativgesetze
4.	a) $(A \cap B) \cap C = A \cap (B \cap C)$ b) $(A \cup B) \cup C = A \cup (B \cup C)$	Assoziativgesetze
5.	a) $A \cap (B \cup C) = (A \cap B) \cup (A \cap C)$ b) $A \cup (B \cap C) = (A \cup B) \cap (A \cup C)$	Distributivgesetze
6.	a) $A \cap A = A$ b) $A \cup A = A$	Idempotenzgesetze
7.	a) $A \cap G = A$ b) $A \cup \emptyset = A$	Identitätsgesetze
8.	a) $A \cap \overline{A} = \emptyset$ b) $A \cup \overline{A} = G$	Komplementgesetze
9.	a) $A \cap \emptyset = \emptyset$ b) $A \cup G = G$	Gesetz der Dominierung

Bemerkung 1 Diese Gesetze entsprechen genau den Gesetzen der Aussagenlogik (S. 12). Für den Nachweis, dass diese Aussageformen in $\mathcal{P}(G)$ allgemeingültig sind, haben wir verschiedene Methoden zur Verfügung:

1. den *formalen Beweis* (Rückführung auf die formale Definitionen der Mengenoperationen),
2. die *Mitgliedtafel*,
3. das *Venn-Diagramm*.

Wir führen im Folgenden je einen solchen Beweis vor.

Beweis von 2a) (*formal*): Gegeben sind $A, B \subseteq G$.

$$\begin{aligned} x \in \overline{A \cap B} \quad &\Leftrightarrow \quad x \notin A \cap B \quad \Leftrightarrow \quad \neg(x \in A \cap B) \quad \Leftrightarrow \quad \neg(x \in A \wedge x \in B) \\ &\Leftrightarrow \quad \neg(x \in A) \vee \neg(x \in B) \quad \Leftrightarrow \quad x \notin A \vee x \notin B \quad \Leftrightarrow \quad x \in \overline{A} \vee x \in \overline{B} \\ &\Leftrightarrow \quad x \in \overline{A} \cup \overline{B}. \end{aligned}$$

Folglich umfassen die Mengen $\overline{A \cap B}$ und $\overline{A} \cup \overline{B}$ stets dieselben Elemente, d. h. sie sind gleich. ■

Im obigen Beweis bedeutet $\Leftrightarrow$, dass die Bijunktion bei jeder Belegung der Element- und Mengenvariablen (Variablen verschiedener Stufen gemäß Russell S. 35) in eine wahre Aussage übergeht.

Beweis von 5a) anhand der *Mitgliedtafel*:

Zeile	A	B	C	A	$\cap$	$(B \cup C)$	$(A \cap B)$	$\cup$	$(A \cap C)$
1.	$\notin$	$\notin$	$\notin$		$\notin$	$\notin$	$\notin$	$\notin$	$\notin$
2.	$\notin$	$\notin$	$\in$		$\notin$	$\in$	$\notin$	$\notin$	$\notin$
3.	$\notin$	$\in$	$\notin$		$\notin$	$\in$	$\notin$	$\notin$	$\notin$
4.	$\notin$	$\in$	$\in$		$\notin$	$\in$	$\notin$	$\notin$	$\notin$
5.	$\in$	$\notin$	$\notin$		$\notin$	$\notin$	$\notin$	$\notin$	$\notin$
6.	$\in$	$\notin$	$\in$		$\in$	$\in$	$\notin$	$\in$	$\in$
7.	$\in$	$\in$	$\notin$		$\in$	$\in$	$\in$	$\in$	$\notin$
8.	$\in$	$\in$	$\in$		$\in$	$\in$	$\in$	$\in$	$\in$
Schritt					2	1	1	2	1

Wir werden 5b) mittels eines Venn-Diagrammes mit drei Teilmengen A, B und C begründen.

Im nebenstehenden Diagramm entsprechen die Nummern der Gebiete den Zeilen der zugehörigen Mitgliedtafel:

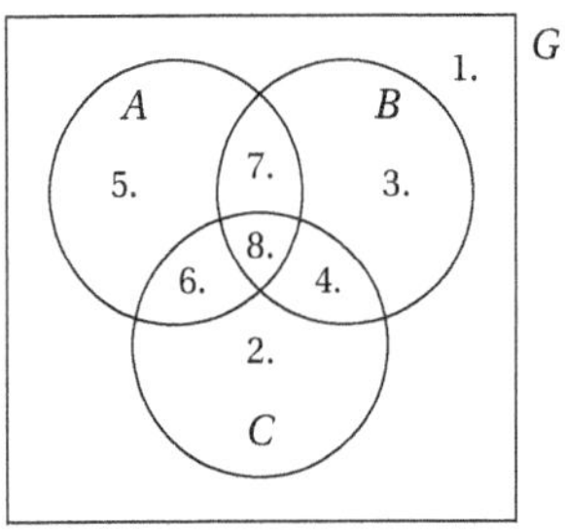

Nun zum **Beweis** von 5b) mittels Venn-Diagramm:

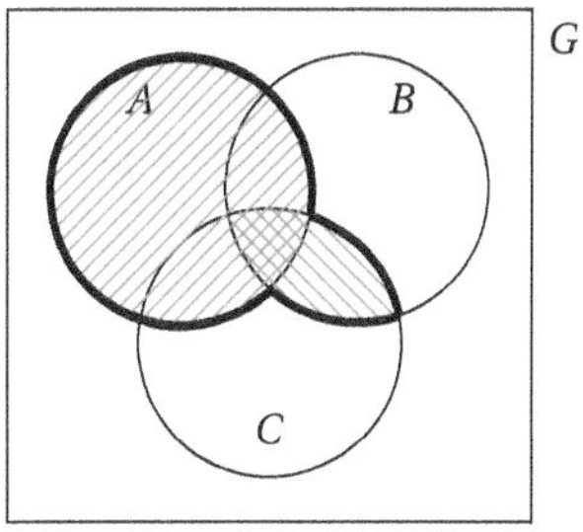

$A\cup(B\cap C)$

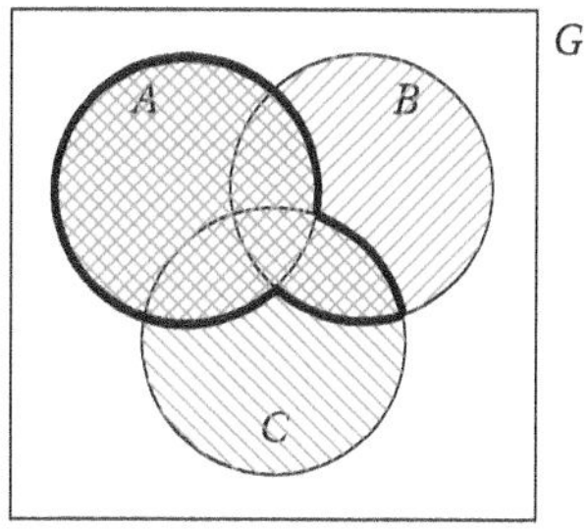

$(A\cup B)\cap(A\cup C)$

Bemerkung 2 Die Operation der Differenz kommt bei den Gesetzen nicht vor, sie ist aber leicht zurückzuführen auf Durchschnitt- und Komplementbildung:

$$
\begin{aligned}
x\in A\setminus B \quad &\Leftrightarrow \quad x\in A\wedge x\notin B\\
&\Leftrightarrow \quad x\in A\wedge\neg(x\in B)\\
&\Leftrightarrow \quad x\in A\wedge x\in\overline{B}\\
&\Leftrightarrow \quad x\in A\cap\overline{B}
\end{aligned}
$$

Also gilt: $A\setminus B = A\cap\overline{B}$

Diese Gleichung nennen wir **Umformungsregel für die Mengendifferenz (UD)**.

Bemerkung 3 Die Gesetze a) und b) auf Seite 37 sind jeweils **dual** zueinander. Beim Dualisieren werden die Operationen $\cup$ und $\cap$ vertauscht, und zusätzlich wird die leere Menge $\emptyset$ durch die Grundmenge G ersetzt und umgekehrt. Mithilfe des doppelten Komplements kann Gesetz b) stets aus a) und a) aus b) hergeleitet werden.

Beispiel:

5a) $A\cap(B\cup C)=(A\cap B)\cup(A\cap C)$
5b) $A\cup(B\cap C)=(A\cup B)\cap(A\cup C)$
} sind dual zueinander.

Wir zeigen, wie 5b) aus 5a) folgt:

$$
\begin{aligned}
A\cup(B\cap C) &= \overline{\overline{A}}\cup\left(\overline{\overline{B}}\cap\overline{\overline{C}}\right) = \overline{\overline{A}}\cup\left(\overline{\overline{B}\cup\overline{C}}\right) && \text{(1 und 2b)}\\
&= \overline{\overline{A}\cap\left(\overline{B}\cup\overline{C}\right)} = \overline{\left(\overline{A}\cap\overline{B}\right)\cup\left(\overline{A}\cap\overline{C}\right)} && \text{(2a und 5a)}\\
&= \overline{\left(\overline{A}\cap\overline{B}\right)}\cap\overline{\left(\overline{A}\cap\overline{C}\right)} = \left(\overline{\overline{A}}\cup\overline{\overline{B}}\right)\cap\left(\overline{\overline{A}}\cup\overline{\overline{C}}\right) && \text{(2b und 2a)}\\
&= (A\cup B)\cap(A\cup C). && \text{(1)}
\end{aligned}
$$

Im Beweis der dualen Identität wird die ursprüngliche Identität verwendet. ■

Bemerkung Analog zur Aussagenlogik werden Ausdrücke und Aussageformen über Mengen stets von links nach rechts gelesen. Beispiel:

$$A\cap B\cap C=(A\cap B)\cap C$$

Allerdings ist die Schreibweise $A\cap B\cup C$ anstelle von $(A\cap B)\cup C$ nicht erlaubt.

Inklusion und Mengenoperationen

Für zwei Teilmengen A, B der Grundmenge G gelten:

$$B \subseteq A \quad \Leftrightarrow \quad A \cap B = B \quad \Leftrightarrow \quad A \cup B = A \quad \Leftrightarrow \quad \overline{A} \cap B = \emptyset .$$

Beweis

$x \in A$	$x \in B$	$x \in B \rightarrow x \in A$			$x \in A \cap B \leftrightarrow x \in B$			$x \in A \cup B \leftrightarrow x \in A$			$x \in \overline{A} \cap B \leftrightarrow x \in \emptyset$		
0	0		1		0	1	0	0	1	0	0	1	0
0	1		0		0	0	1	1	0	0	1	0	0
1	0		1		0	1	0	1	1	1	0	1	0
1	1		1		1	1	1	1	1	1	0	1	0

Somit gilt:

$$\forall x\,(x \in B \rightarrow x \in A) \Leftrightarrow \forall x\,(x \in A \cap B \leftrightarrow x \in B) \Leftrightarrow$$

$$\forall x\,(x \in A \cup B \leftrightarrow x \in A) \Leftrightarrow \forall x (x \in \overline{A} \cap B \leftrightarrow x \in \emptyset)$$

was gemäß Formalisierung von Inklusion und Gleichheit (vgl. S. 32) die Behauptung beweist. ■

2.4 Die symmetrische Differenz

Wir führen hier eine weitere Mengenoperation ein. Wir betrachten wieder Teilmengen $A, B, C, \ldots$ einer Grundmenge G.

Definition Die **symmetrische Differenz** $A \triangle B$ der Mengen A, B besteht aus den-jenigen Elementen von G, welche entweder zu A oder zu B gehören. Es gilt also

$$A \triangle B = \{x \in G \mid x \in A \succ\!\prec x \in B\} .$$

Darstellung der symmetrischen Differenz $A \triangle B$ im Venn-Diagramm:

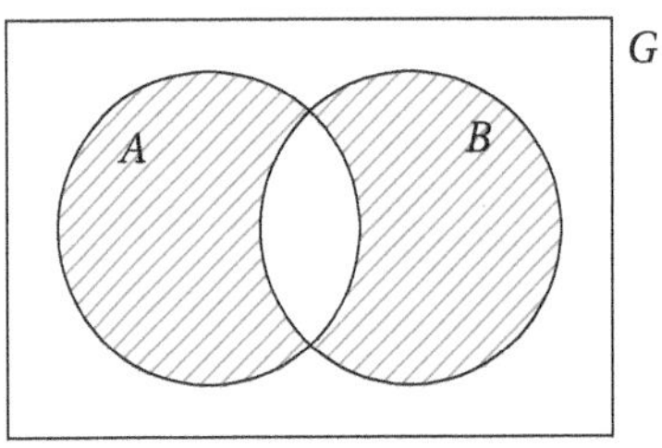

Dem Venn-Diagramm entnehmen wir, dass

$$A \triangle B = (A \cup B) \setminus (A \cap B) = (A \setminus B) \cup (B \setminus A) .$$

Da in den Gesetzen der Mengenalgebra nur die Operationen *Durchschnitt, Vereinigung* und *Komplement* vorkommen, ist es sinnvoll, die genannten Zusammenhänge auch in diesen drei Operationen auszudrücken. Dies geschieht mit Hilfe der Umformungsregel (UD).

Somit haben wir

$$A \triangle B = (A \cup B) \cap \overline{(A \cap B)} = (A \cup B) \cap \left(\overline{A} \cup \overline{B}\right) \qquad \text{(D)}$$

und

$$A \triangle B = \left(A \cap \overline{B}\right) \cup \left(B \cap \overline{A}\right) = \left(A \cap \overline{B}\right) \cup \left(\overline{A} \cap B\right). \qquad \text{(V)}$$

Dass dies Identitäten sind, kann auch auf formalem Wege gezeigt werden.

Am Beweis der Identität $A \triangle B = (A \cup B) \cap \overline{(A \cap B)}$ erkennen wir, dass dieses Vorgehen wesentlich mühsamer ist: Mit Wahrheitstafeln zeigt man, dass

$$p \mathbin{>\!\!<} q \Leftrightarrow (p \vee q) \wedge \neg(p \wedge q).$$

Folglich haben wir:

$$\begin{aligned} x \in A \triangle B &\Leftrightarrow x \in A \mathbin{>\!\!<} x \in B \\ &\Leftrightarrow (x \in A \vee x \in B) \wedge \neg(x \in A \wedge x \in B) \\ &\Leftrightarrow x \in A \cup B \wedge \neg(x \in A \cap B) \\ &\Leftrightarrow x \in A \cup B \wedge x \in \overline{A \cap B} \\ &\Leftrightarrow x \in (A \cup B) \cap \overline{(A \cap B)}. \end{aligned}$$

■

Eigenschaften der symmetrischen Differenz

Für die Teilmengen A, B, C einer Grundmenge G gelten die folgenden Identitäten:

1. $A \triangle B = B \triangle A$
2. $\overline{A \triangle B} = \overline{A} \triangle B = A \triangle \overline{B}$
3. a) $A \triangle A = \emptyset$
   b) $A \triangle \overline{A} = G$
4. $(A \triangle B) \triangle C = A \triangle (B \triangle C)$
5. $A \triangle \emptyset = \emptyset \triangle A = A$
6. $A \triangle B = \emptyset \Leftrightarrow A = B$
7. $A \cap (B \triangle C) = (A \cap B) \triangle (A \cap C)$
8. $\overline{A} = G \triangle A$
9. $A \cup B = (A \triangle B) \triangle (A \cap B)$

Für den Nachweis dieser Identitäten haben wir wieder verschiedene Methoden zur Verfügung. Auch das Umformen mit Verwendung der Gesetze der Mengenalgebra kommt hier in Frage.

Beweis von 2.

$$\begin{aligned}
\overline{A}\triangle B &= \left(\overline{A}\cup B\right)\cap\left(\overline{\overline{A}}\cup\overline{B}\right) && \text{(D)}\\
&= \left(\overline{A}\cup\overline{\overline{B}}\right)\cap\left(\overline{\overline{A}}\cup\overline{B}\right) && \text{(doppeltes Komplement)}\\
&= \overline{\left(A\cap\overline{B}\right)}\cap\overline{\left(\overline{A}\cap B\right)} && \text{(De Morgan)}\\
&= \overline{\left(A\cap\overline{B}\right)\cup\left(\overline{A}\cap B\right)} && \text{(De Morgan)}\\
&= \overline{A\triangle B} && \text{(V)}
\end{aligned}$$

Mit 1. folgt auch $\overline{A\triangle B} = \overline{B\triangle A} = \overline{B}\triangle A = A\triangle\overline{B}.$ ■

Beweis von 4. anhand der Mitgliedtafel:

A	B	C	$(A\triangle B)$	$\triangle C$	$A\triangle$	$(B\triangle C)$
$\notin$	$\notin$	$\notin$	$\notin$	$\notin$	$\notin$	$\notin$
$\notin$	$\notin$	$\in$	$\notin$	$\in$	$\in$	$\in$
$\notin$	$\in$	$\notin$	$\in$	$\in$	$\in$	$\in$
$\notin$	$\in$	$\in$	$\in$	$\notin$	$\notin$	$\notin$
$\in$	$\notin$	$\notin$	$\in$	$\in$	$\in$	$\notin$
$\in$	$\notin$	$\in$	$\in$	$\notin$	$\notin$	$\in$
$\in$	$\in$	$\notin$	$\notin$	$\notin$	$\notin$	$\in$
$\in$	$\in$	$\in$	$\notin$	$\in$	$\in$	$\notin$

Somit dürfen wir in $(A\triangle B)\triangle C$ die Klammern weglassen. ■

Darstellung der Menge $A\triangle B\triangle C$ im Venn-Diagramm:

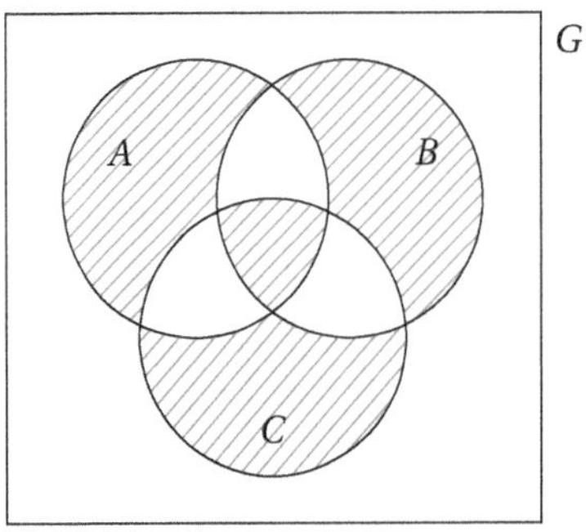

Beweis von 7. Wir beginnen diesmal auf der rechten Seite:

$$
\begin{aligned}
(A\cap B)\,\triangle\,(A\cap C) &= [(A\cap B)\cup(A\cap C)]\cap\left[\overline{(A\cap B)}\cup\overline{(A\cap C)}\right] && \text{(D)}\\
&= [(A\cap B)\cup(A\cap C)]\cap\left[\left(\overline{A}\cup\overline{B}\right)\cup\left(\overline{A}\cup\overline{C}\right)\right] && \text{(De Morgan)}\\
&= [A\cap(B\cup C)]\cap\left[\overline{A}\cup\left(\overline{B}\cup\overline{C}\right)\right] && \text{(Distributivg.)}\\
&= \left[A\cap(B\cup C)\cap\overline{A}\right]\cup\left[A\cap(B\cup C)\cap\left(\overline{B}\cup\overline{C}\right)\right] && \text{(Distributivg.)}\\
&= \emptyset\cup\left[A\cap(B\cup C)\cap\left(\overline{B}\cup\overline{C}\right)\right] && \text{(Komplementg.)}\\
&= A\cap(B\cup C)\cap\left(\overline{B}\cup\overline{C}\right) && \text{(Identitätsg.)}\\
&= A\cap(B\triangle C)\,. && \text{(D)}
\end{aligned}
$$

■

Beweis von 8. $G\triangle A=(G\setminus A)\cup(A\setminus G)=\overline{A}\cup\emptyset=\overline{A}$. ■

Beweis von 9. mit Mitgliedtafel:

A	B	$A\cup B$	$(A\triangle B)$	$\triangle$	$(A\cap B)$
$\notin$	$\notin$	$\notin$	$\notin$	$\notin$	$\notin$
$\notin$	$\in$	$\in$	$\in$	$\in$	$\notin$
$\in$	$\notin$	$\in$	$\in$	$\in$	$\notin$
$\in$	$\in$	$\in$	$\notin$	$\in$	$\in$

■

Bemerkung Die Identitäten 8. und 9. besagen, dass Komplement- und Vereinigungsbildung durch die Operationen „$\triangle$" und „$\cap$" ausgedrückt werden können.

Moderne Algebra

Wir betrachten Teilmengen A,B,C einer Grundmenge G und führen die folgende *Summen- und Produktschreibweise* ein: Wir schreiben $A\oplus B$ anstelle von $A\triangle B$ und $A\otimes B$ für $A\cap B$, ferner 0 für $\emptyset$, sowie 1 anstelle von G.

Somit erhalten wir die folgenden Identitäten:

1. a) $A\oplus B=B\oplus A$
   b) $A\otimes B=B\otimes A$ } Kommutativgesetze
2. a) $(A\oplus B)\oplus C=A\oplus(B\oplus C)$
   b) $(A\otimes B)\otimes C=A\otimes(B\otimes C)$ } Assoziativgesetze
3. $A\otimes(B\oplus C)=(A\otimes B)\oplus(A\otimes C)$ Distributivgesetz
4. a) $A\oplus 0=0\oplus A=A$
   b) $A\otimes 1=1\otimes A=A$ } Gesetz der Neutralelemente
5. a) $A\oplus A=0$
   b) $A\otimes A=A$ } Idempotenzgesetze

Wir bemerken, dass die Gesetze 1. bis 4. auch in der Arithmetik gültig sind. Andererseits gelten hier die recht speziellen Idempotenzgesetze 5a und 5b.

Eine algebraische Struktur, in welcher die Gesetze 1 bis 5 erfüllt sind, nennt man einen **Booleschen Ring**, nach dem irischen Mathematiker George Boole (vgl. S. 8). Damit machen wir einen Abstecher in das Gebiet der *modernen Algebra*. In diesem Gebiet werden *algebraische Strukturen* betrachtet. Eine solche Struktur ist nichts anderes als eine Menge mit gewissen Operationen, welche bestimmten Gesetzen (oder *Axiomen*) genügen.

Bei dieser Betrachtungsweise geht es nun darum, allein aus diesen Axiomen möglichst viele Folgerungen zu ziehen. Natürlich ist eine solche Theorie nur dann sinnvoll, wenn es zu diesem System von Axiomen auch interessante *Modelle* gibt. (Die Mengenalgebra mit den Operationen $\triangle$ und $\cap$ ist ein Modell für die Theorie der Booleschen Ringe.) Weitere wichtige algebraische Strukturen sind: *Gruppen*, *Ringe*, *Körper*, *Algebren*, *Moduln*, usw. (vgl. Abschnitte 4.3 und 4.4.)

Bild 2.3 Emmy Noether

Emmy Noether[10] und Emil Artin[11] können als Begründer der modernen Algebra angesehen werden. Das Standardwerk *Moderne Algebra* [van31] von B. L. van der Waerden[12], welches in die renommierte Reihe *Grundlehren der mathematischen Wissenschaften* Aufnahme fand und inzwischen in der 9. Auflage erschienen ist, basiert auf Vorlesungen von Artin und Noether. ■

2.5 Logische Schlüsse und Mengensprache

Mengen können mit Hilfe prädikatlogischer Aussageformen definiert werden, und die Mengenoperationen $\overline{}$, $\cap$ und $\cup$ entsprechen den logischen Operationen $\neg$, $\wedge$, bzw. $\vee$. Dies bedeutet, dass Schlüsse der Prädikatlogik in die Mengensprache übersetzt und mit Hilfe von Venn-Diagrammen veranschaulicht werden können.

---

10 Emmy Noether (1882–1935), deutsche Mathematikerin und Physikerin, lieferte auch maßgebliche Beiträge zur theoretischen Physik

11 Emil Artin (1898–1962), österreichischer Mathematiker

12 Bartel Leendert van der Waerden (1903–1996), niederländischer Mathematiker und Wissenschaftshistoriker

Beispiel 1 Der folgende Schluss stammt von Lewis Carroll[13].

Er geht aus von den Prämissen:

1. Alle Kinder sind unlogisch.
2. Niemand, der ein Krokodil zähmen kann, wird geringgeschätzt.
3. Alle unlogischen Menschen werden geringgeschätzt.

Daraus schließt er:

Also können Kinder keine Krokodile zähmen.

Im Beispiel von Carroll sieht das dann so aus:

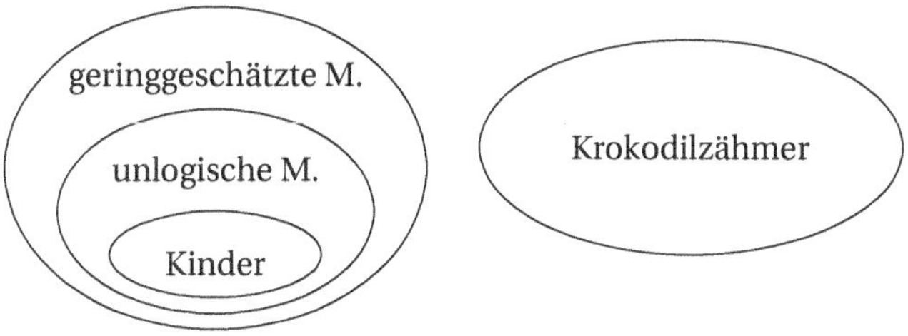

Dabei haben wir **disjunkte** Mengen, d. h. Mengen ohne gemeinsame Elemente, durch getrennte Ovale dargestellt und die Situation $B \subseteq A$ wie nebenstehend veranschaulicht:

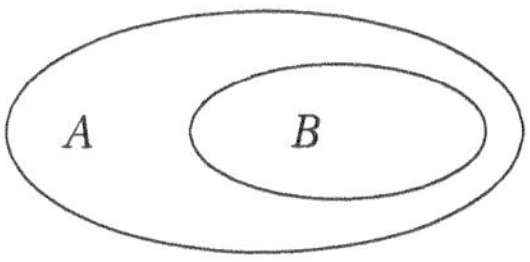

Kinder sind keine Krokodilzähmer. Die Mengen der Kinder und der Krokodilzähmer sind disjunkt.

Wir können Beispiel 1 auch prädikatlogisch analysieren. Dazu definieren wir

$k(x)$: x ist ein Kind.

$u(x)$: x ist ein unlogischer Mensch.

$g(x)$: x wird geringgeschätzt.

$z(x)$: x zähmt Krokodile.

Die Prämissen werden dann wie folgt formalisiert (vgl. Abschnitt 1.4):

1. $\forall x\,[k(x) \to u(x)]$, 2. $\neg\exists x\,[z(x) \wedge g(x)]$, 3. $\forall x\,[u(x) \to g(x)]$.

Für den formalen Nachweis der Korrektheit des Carrollschen Schlusses benötigen wir die Äquivalenz

$$\begin{aligned} \neg\exists x\,[z(x) \wedge g(x)] \quad &\Leftrightarrow \quad \forall x\,[\neg z(x) \vee \neg g(x)] \\ &\Leftrightarrow \quad \forall x\,[\neg g(x) \vee \neg z(x)] \\ &\Leftrightarrow \quad \forall x\,[g(x) \to \neg z(x)]\,. \end{aligned}$$

[13] Lewis Carroll (1832–1898), eigentlich Charles Lutwidge Dodgson, englischer Mathematiker und Kinderbuchautor („Alice in Wonderland")

Somit haben wir

$$\begin{aligned}
&\forall x\,[k(x) \to u(x)] \wedge \neg\exists x\,\big[z(x) \wedge g(x)\big] \wedge \forall x\,\big[u(x) \to g(x)\big] \\
\Leftrightarrow\quad &\forall x\,[k(x) \to u(x)] \wedge \forall x\,\big[g(x) \to \neg z(x)\big] \wedge \forall x\,\big[u(x) \to g(x)\big] \\
\Leftrightarrow\quad &\forall x\,\big[(k(x) \to u(x)) \wedge (g(x) \to \neg z(x)) \wedge (u(x) \to g(x))\big] \\
\Leftrightarrow\quad &\forall x\,\big[(k(x) \to u(x)) \wedge (u(x) \to g(x)) \wedge (g(x) \to \neg z(x))\big]
\end{aligned}$$

ist hinreichend für

$$\forall x\,[k(x) \to \neg z(x)] \qquad \text{(doppelter Kettenschluss).}$$

Also können Kinder tatsächlich keine Krokodile zähmen.

Beispiel 2 Prämissen:

1. Alle Lehrpersonen sind zuverlässig.
2. Einige musikalische Menschen sind launisch.
3. Kein launischer Mensch ist zuverlässig.

Schlüsse:

a) Ist Emil Lehrer, so ist er nicht launisch.

b) Einige zuverlässige Menschen sind nicht musikalisch.

Anstelle einer formalen Analyse wollen wir diese Situation mit einem Venn-Diagramm illustrieren und definieren zu diesem Zweck

P: die Menge aller Lehrpersonen,

Z: die Menge der zuverlässigen Menschen,

M: die Menge der musikalischen Menschen,

L: die Menge der launischen Menschen.

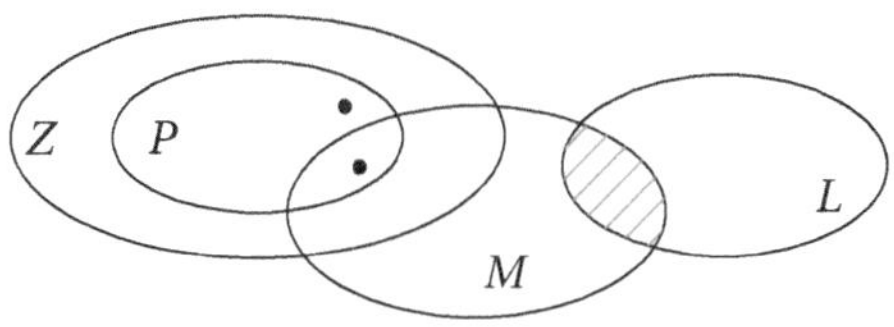

Aus dem zugehörigen Venn-Diagramm entnehmen wir, dass a) korrekt, aber b) ein Trugschluss ist. Es könnten alle Menschen musikalisch sein.

Eine andere Art von Veranschaulichung für Mengenoperationen und logische Schlüsse liefert das sog. **Karnaugh-Diagramm**[14]. Für das Beispiel 2 sieht das Karnaugh-Diagramm wie folgt aus:

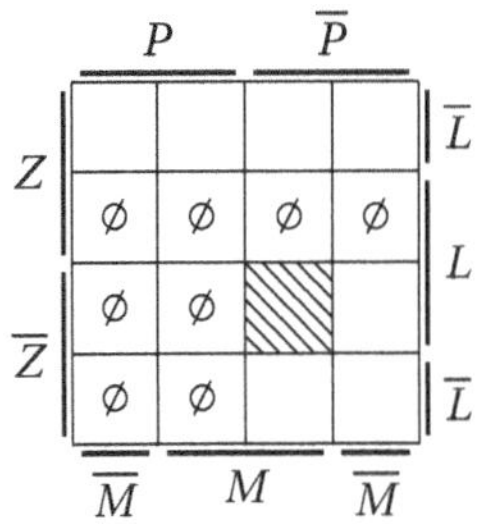

14 benannt nach dem US-amerikanischen Physiker, Mathematiker und Informatiker Maurice Karnaugh (1924–2022)

2.6 Gleichungen

Wir beginnen mit einem Beispiel.

Beispiel 1 Wir bestimmen die Lösungen der Gleichung

$$\frac{x}{x+2} - \frac{x+2}{x} = \frac{x^2-4x-8}{x^2+2x}$$

Man beachte zunächst, dass die Hauptnenner der linken und rechten Seite der Gleichung übereinstimmen: $x(x+2) = x^2+2x$.

Wir multiplizieren somit beide Seiten mit diesem Term:

$$x(x+2)\cdot\frac{x}{x+2} - x(x+2)\cdot\frac{x+2}{x} = x(x+2)\cdot\frac{x^2-4x-8}{x^2+2x}$$

Kürzen und Vereinfachen liefert der Reihe nach

$$\begin{aligned} x^2-(x+2)^2 &= x^2-4x-8 \\ x^2-4 &= 0 \\ (x+2)(x-2) &= 0 \end{aligned}$$

Somit erhalten wir $(x=-2)\vee(x=2)$

Wir kontrollieren diese Lösungen durch Einsetzen in die ursprüngliche Gleichung. Offensichtlich ist -2 keine Lösung!

Wir wollen diesen Sachverhalt in allgemeiner Form analysieren.

Als Grundmenge von $\varphi(x)$ wählen wir die Menge aller Konstanten c, welche in die Aussageform eingesetzt werden können.

In Beispiel 1 ist $\varphi(x)$ die gegebene Gleichung. Die Grundmenge ist $\mathbb{R}\setminus\{0,-2\}$.

Wir erinnern daran (vgl. S. 33), dass zwei Aussageformen $\varphi(x), \psi(x)$ mit derselben Grundmenge G genau dann *äquivalent* sind, falls $\mathbb{L}_\varphi = \mathbb{L}_\psi$ gilt, d. h. falls sie dieselben Lösungen haben.

In Beispiel 1 sind die folgenden Aussageformen mit Grundmenge $\mathbb{R}$ äquivalent:

$\varphi_1(x)$: $x^2-(x+2)^2 = x^2-4x-8$,

$\varphi_2(x)$: $x^2-4=0$,

$\varphi_3(x)$: $(x=-2)\vee(x=2)$.

Es gilt $\varphi_1(x) \Leftrightarrow \varphi_2(x) \Leftrightarrow \varphi_3(x)$.

Definition Eine Umformung, bei welcher eine prädikatlogische Aussageform in eine dazu äquivalente Aussageform übergeführt wird, nennt man eine **Äquivalenzumformung**.

Nochmals zu Beispiel 1: Die Umformung, bei der die Nenner weggekürzt werden, ist *keine* Äquivalenzumformung. Die Gleichung

$$\varphi(x):\quad x(x+2)\cdot\frac{x}{x+2} - x(x+2)\cdot\frac{x+2}{x} = x(x+2)\cdot\frac{x^2-4x-8}{x^2+2x}$$

ist zwar hinreichend für

$$\psi(x): \quad x^2-(x+2)^2=x^2-4x-8\,,$$

jedoch nicht notwendig. Die beiden Gleichungen haben nicht dieselben Lösungen.

Es gilt $\mathbb{L}_\varphi=\{2\}$, aber $\mathbb{L}_\psi=\{-2,2\}$, mithin $\mathbb{L}_\varphi\subset\mathbb{L}_\psi$.

Man spricht in diesem Fall von einer **Gewinnumformung**. Eine so hinzugekommene Lösung nennt man eine **Scheinlösung** der ursprünglichen Aussageform. In Beispiel 1 ist $x=-2$ eine Scheinlösung.

Für das folgende Beispiel benötigen wir den Begriff des **Intervalls**.

Definition Für beliebige Zahlen $a,b\in\mathbb{R}$ mit $a<b$ definieren wir

$[a,b]:=\{x\in\mathbb{R}\mid a\le x\le b\}$ das **abgeschlossene Intervall** mit den Grenzen a, b;

$]a,b[:=\{x\in\mathbb{R}\mid a<x<b\}$ das **offene Intervall** mit den Grenzen a, b;

$]a,b]:=\{x\in\mathbb{R}\mid a<x\le b\}$
$[a,b[:=\{x\in\mathbb{R}\mid a\le x<b\}$ } die **halboffenen Intervalle** mit den Grenzen a, b.

Ferner definieren wir für eine beliebige Grenze $a\in\mathbb{R}$:

$[a,\infty[:=\{x\in\mathbb{R}\mid x\ge a\}$ das rechts unbeschränkte und links abgeschlossene Intervall,

$]a,\infty[:=\{x\in\mathbb{R}\mid x>a\}$ das rechts unbeschränkte und links offene Intervall,

$]-\infty,a]:=\{x\in\mathbb{R}\mid x\le a\}$ das links unbeschränkte, rechts abgeschlossene Intervall,

$]-\infty,a[:=\{x\in\mathbb{R}\mid x<a\}$ das links unbeschränkte und rechts offene Intervall.

Beispiel 2 Wir betrachten die Gleichung

$$\varphi(x): \quad \sqrt{x+2}+\sqrt{x-2}=\sqrt{2x+3}\,.$$

Die Grundmenge der Gleichung ist der Durchschnitt der Grundmengen der drei Wurzelterme. (Die *Grundmenge eines Terms* wird analog definiert wie diejenige einer Aussageform.)

$\sqrt{x+2}$ hat die Grundmenge $[-2,\infty[$,

$\sqrt{x-2}$ hat die Grundmenge $[2,\infty[$,

$\sqrt{2x+3}$ hat die Grundmenge $[-\frac{3}{2},\infty[$.

Die Grundmenge von $\varphi(x)$ ist somit $[-2,\infty[\;\cap\;[-\frac{3}{2},\infty[\;\cap\;[2,\infty[\;=[2,\infty[$.

Die gegebene Gleichung wird wie folgt umgeformt, wobei wir stets $[2,\infty[$ als Grundmenge beibehalten.

$$\begin{array}{cr}
\sqrt{x+2}+\sqrt{x-2}=\sqrt{2x+3} & \\
\Downarrow & \text{quadrieren} \\
(x+2)+2\sqrt{x+2}\sqrt{x-2}+(x-2)=2x+3 & \\
\Updownarrow & \text{die Wurzel isolieren} \\
2\sqrt{x+2}\sqrt{x-2}=3 & \\
\Downarrow & \text{quadrieren} \\
4(x^2-4)=9 & \\
\Updownarrow & \text{ausmultiplizieren, ordnen} \\
x^2=\frac{25}{4}\,. &
\end{array}$$

Diese Gleichung hat bei der Grundmenge $[2,\infty[$ nur die Lösung $x=\frac{5}{2}$. Es gilt $\varphi(x)\Rightarrow\psi(x)$ genau dann, wenn $\mathbb{L}_\varphi\subseteq\mathbb{L}_{\psi(x)}$. Eine solche Umformung *kann* eine Gewinnumformung sein, *muss* aber nicht. Wir setzen nun die Lösung $x=\frac{5}{2}$ in die ursprüngliche Gleichung ein und stellen fest, dass $\varphi\left(\frac{5}{2}\right)$ wahr ist. Also waren hier sämtliche Umformungsschritte Äquivalenzumformungen.

2.7 Cartesische Produkte

Als Vorbereitung für das folgende Kapitel über Relationen und Funktionen schließt dieses Kapitel mit einem Abschnitt über Mengen von geordneten Paaren und deren Verallgemeinerung.

Gegeben sei die nichtleere Grundmenge G; a, b seien Elemente von G. Nach der Definition für die Gleichheit von Mengen gilt $\{a,b\}=\{b,a\}$. A priori ist in der Menge $\{a,b\}$ *keine Ordnung* festgelegt.

Wir wollen nun **geordnete Paare** (a,b) einführen. Dabei soll sich (a,b) insofern von $\{a,b\}$ unterscheiden, als jetzt a als erstes und b als zweites Element gekennzeichnet ist. Man sagt, a sei die *erste* und b die *zweite* **Koordinate** oder *Komponente* des geordneten Paares (a,b).

Zwei geordnete Paare (a,b), (x,y) sind genau dann **gleich**, wenn sie koordinatenweise übereinstimmen. Formal bedeutet dies

$$(a,b)=(x,y) \quad\Leftrightarrow\quad a=x\wedge b=y\,.$$

Insbesondere gilt:

$$(a,b)=(b,a) \quad\Leftrightarrow\quad a=b\,.$$

Definition Das **Cartesische Produkt** zweier Mengen A, B ist die Menge $A\times B$ aller geordneten Paare (a,b) mit $a\in A$ und $b\in B$. Es gilt also

$$A\times B=\{(a,b)\mid a\in A\wedge b\in B\}\,.$$

Das Adjektiv „cartesisch" bezieht sich auf René Descartes[15]. Als erster führte er für geometrische Betrachtungen das *Koordinatensystem* ein und stülpte somit der Geometrie ein algebraisches Gewand über. Er ist damit der Begründer der *Analytischen Geometrie.*

Beispiel 1 Gegeben seien die Teilmengen $A = \{2,3,4\}$ und $B = \{4,5\}$ der Grundmenge $G = \{1,2,3,\ldots,10\}$. Wir stellen die cartesischen Produkte

$$A \times B\,, \quad B \times A\,, \quad A \times A \quad \text{und} \quad B \times B$$

in der aufzählenden Form dar:

$$A \times B = \{(2,4)\,,(2,5)\,,(3,4)\,,(3,5)\,,(4,4)\,,(4,5)\},$$

$$B \times A = \{(4,2)\,,(4,3)\,,(4,4)\,,(5,2)\,,(5,3)\,,(5,4)\},$$

$$A \times A = \{(2,2)\,,(2,3)\,,(2,4)\,,(3,2)\,,(3,3)\,,(3,4)\,,(4,2)\,,(4,3)\,,(4,4)\},$$

$$B \times B = \{(4,4)\,,(4,5)\,,(5,4)\,,(5,5)\}.$$

Beispiel 2 $\mathbb{R}^2 = \mathbb{R} \times \mathbb{R} = \{(x,y) \mid x \in \mathbb{R} \wedge y \in \mathbb{R}\}$

$\mathbb{R}^2$ kann mit Hilfe eines (rechtwinkligen) **Koordinatensystems** mit der Menge aller Punkte einer Ebene identifiziert werden.

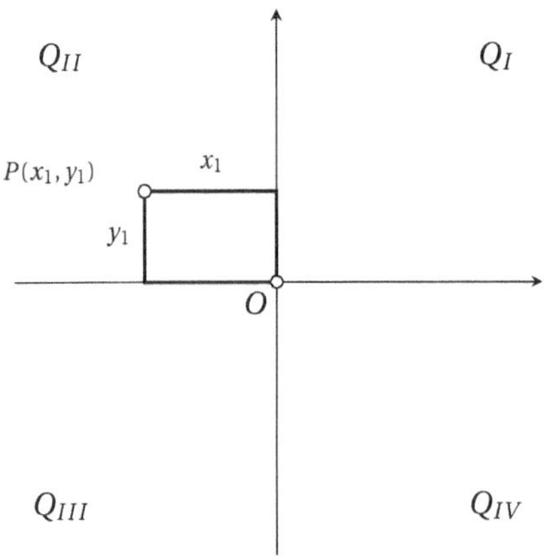

x_1 ist die **Abszisse** von P,
y_1 ist die **Ordinate** von P.

Quadranten:

$$Q_I := \{(x,y) \mid x \geq 0 \wedge y \geq 0\}$$
$$Q_{II} := \{(x,y) \mid x \leq 0 \wedge y \geq 0\}$$
$$Q_{III} := \{(x,y) \mid x \leq 0 \wedge y \leq 0\}$$
$$Q_{IV} := \{(x,y) \mid x \geq 0 \wedge y \leq 0\}$$

Definition Im **geordneten Tripel** (a,b,c) ist die Reihenfolge der Elemente festgelegt. Es gilt $(a,b,c) = (x,y,z)$ genau dann, wenn $a = x \,\wedge\, b = y \,\wedge\, c = z$.

Das Element a ist die *erste*, b die *zweite* und c die *dritte Koordinate* des geordneten *Tripels* (a,b,c).

Das **Cartesische Produkt** der *drei* Mengen A, B, C ist die Menge $A \times B \times C$ aller *geordneten Tripel* (a,b,c) mit $a \in A$, $b \in B$ und $c \in C$.

Also gilt

$$A \times B \times C = \{(a,b,c) \mid a \in A \wedge b \in B \wedge c \in C\}\,.$$

[15] René Descartes (1596–1650), bedeutender französischer Philosoph und Mathematiker

Beispiel 3 $\mathbb{R}^3 = \mathbb{R} \times \mathbb{R} \times \mathbb{R} = \{(x, y, z) \mid x \in \mathbb{R} \wedge y \in \mathbb{R} \wedge z \in \mathbb{R}\}$.
Mithilfe eines (rechtwinkligen) Koordinatensystems kann $\mathbb{R}^3$ mit der Menge aller Punkte des geometrischen Raumes identifiziert werden.

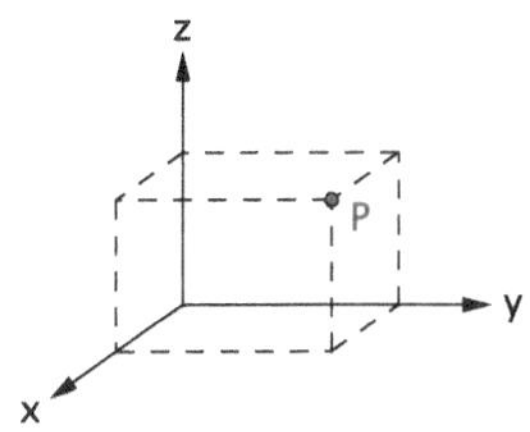

z_1 ist die **Kote** von $P(x_1, y_1, z_1)$.

Analog werden für ein beliebiges $n \in \mathbb{N}$ **geordnete *n*-Tupel** betrachtet:
$(a_1, a_2, a_3, \ldots, a_n)$ besitzt die *erste Koordinate* a_1, die *zweite Koordinate* a_2 oder allgemein: für k mit $1 \leq k \leq n$ die *k-te Koordinate* a_k. Für die Gleichheit gilt jetzt:

$$(a_1, a_2, a_3, \ldots, a_n) = (b_1, b_2, b_3, \ldots, b_n) \quad \Leftrightarrow \quad a_1 = b_1 \wedge a_2 = b_2 \wedge \cdots \wedge a_n = b_n .$$

Schließlich wird das ***n*-fache Cartesische Produkt** $A_1 \times A_2 \times A_3 \times \cdots \times A_n$ definiert als die Menge aller *geordneten n-Tupel* $(a_1, a_2, a_3, \ldots, a_n)$ mit $a_k \in A_k$ $(1 \leq k \leq n)$.

Beispiel 4 Für die Mengen $A = \{a, b, c, d\}$ und $B = \{1, 2, 3, 4\}$ stellen wir das cartesische Produkt $A \times B$ als *Koordinatendiagramm* und als *Baumdiagramm* dar.

Graphische Darstellung als **Koordinatendiagramm**:

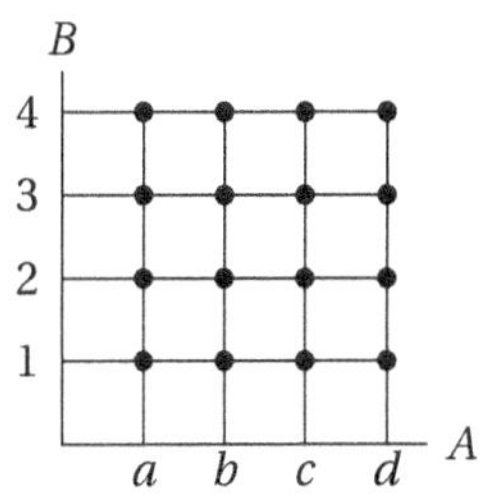

Darstellung als **Baumdiagramm**:

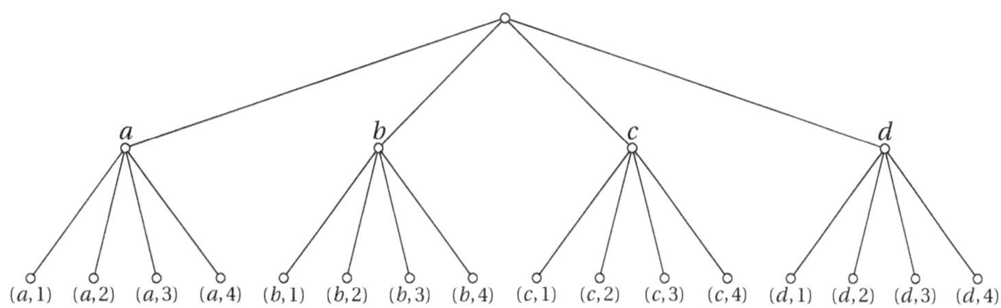

2.8 Aufgaben zu Mengen

1. **Elemente und Teilmengen**
Es sei die Menge $M := \{a, b\}$ gegeben mit $a \neq b$, $a \neq \emptyset$ und $b \neq \emptyset$. Welche der folgenden Aussagen sind wahr?

a) $\emptyset \in \{\emptyset\}$	f) $M \in \{\{M\}, \emptyset\}$	k) $\{a\} \in M$
b) $\emptyset \subset M$	g) $M \subset M$	l) $\{a, b\} \subset M$
c) $\emptyset \subseteq \emptyset$	h) $M \in \{M\}$	m) $\{a, b, \emptyset\} \subset M$
d) $\emptyset \in \{M, \emptyset\}$	i) $M \subset \{M\}$	n) $a \subset M$
e) $\emptyset = \{\emptyset\}$	j) $\{M\} \subset \{\{M\}, \emptyset\}$	o) $a \in \{M\}$

2. **Teilermengen und Vielfachenmengen**
Mit $\mathbb{T}(a)$ bezeichnen wir die Teilmenge von $\mathbb{N}$, welche aus allen Teilern der natürlichen Zahl a besteht. Mit $\mathbb{V}(a)$ wird die Menge aller natürlichen Vielfachen von $a \in \mathbb{N}$ bezeichnet.
Beispielsweise gilt: $\mathbb{T}(24) = \{1, 2, 3, 4, 6, 8, 12, 24\}$ und $\mathbb{V}(6) = \{6, 12, 18, 24, 30, \ldots\}$.
   a) Stellen Sie jede der folgenden Schnittmengen als *eine* Teiler- oder Vielfachenmenge dar:
      i. $\mathbb{T}(56) \cap \mathbb{T}(98)$
      ii. $\mathbb{V}(16) \cap \mathbb{V}(24)$
   b) Drücken Sie die folgenden Mengen durch Terme mit Teiler- oder Vielfachenmengen aus:
      i. die Menge aller natürlichen Zahlen, die *nicht gleichzeitig* Teiler von 20 und Teiler von 30 sind;
      ii. die Menge der natürlichen Zahlen, die *entweder* durch 3 *oder* durch 5 teilbar sind;
      iii. die Menge der Zahlen, die zu 15 *teilerfremd* sind.

3. **Venn-Diagramm**
Schraffieren Sie die folgenden Mengen je in einem Venn-Diagramm:
   a) $[A \cup (B \cap C)] \setminus (A \cap B \cap C)$
   b) $[(A \cup B) \setminus C] \cup (A \cap B \cap C)$
   c) $(A \cup B) \cap \left(\overline{C} \setminus B\right)$
   d) $[(A \cap B) \cup (A \cap C) \cup (B \cap C)] \setminus (A \cap B \cap C)$

4. **Mengengleichheit**
   a) Beweisen Sie mit Hilfe der Mitgliedtafel:
      i. $A \cap \overline{(A \setminus B)} \cap \overline{(A \cap B)} = \emptyset$
      ii. $\overline{B} \cup \left(A \cup \overline{B}\right) = \overline{A \cap B}$
   b) Beweisen Sie formal:
      i. $A \setminus (A \setminus B) = A \cap B$
      ii. $\left(A \cup \overline{C}\right) \setminus \left(\overline{A} \cap B\right) = A \cup \overline{(B \cup C)}$

c) Beweisen Sie mit den Gesetzen der Mengenalgebra:

i. $(A \cup C) \cap \left[(A \cap B) \cup \left(\overline{C} \cap B\right)\right] = A \cap B$

ii. $\left[\left(A \cap \overline{C}\right) \cup \left(B \cap \overline{A}\right)\right] \cap [A \cap B \cap C] = \emptyset$

d) Dualisieren Sie die Aussageformen von Aufgabenteil c).

5. **Logische Schlüsse und Karnaugh-Diagramm**
Als Grundmenge betrachten wir die Menge aller Drachen.
Prämissen:

I. Alle Drachen, die nicht Feuer speien, können fliegen.

II. Nicht alle großen Drachen sind rot.

III. Feuerspeiende Drachen können fliegen oder sind nicht groß.

IV. Große Drachen sind entweder rot oder können Feuer speien.

a) Formulieren Sie die Prämissen in Mengenschreibweise.

b) Erstellen Sie das zugehörige Karnaugh-Diagramm.

c) Formulieren Sie die folgenden Schlüsse in Mengenschreibweise und beurteilen Sie diese mit Hilfe des Diagramms.

i. Es gibt Drachen, die nicht rot sind und nicht Feuer speien.
ii. Alle großen Drachen können fliegen.
iii. Es gibt Drachen, die rot sind und fliegen können.
iv. Große rote Drachen können fliegen.
v. Es gibt große fliegende Drachen, die nicht rot sind und nicht Feuer speien.

6. **Symmetrische Differenz**
Beweisen Sie die Allgemeingültigkeit der folgenden Aussagenformen durch schrittweises Umformen. Geben Sie bei jedem Schritt an, welche Regel Sie verwendet haben (vgl. S. 41).

a) $(A \triangle B) \triangle \left(\overline{A} \triangle C\right) = B \triangle \overline{C}$

b) $\left[\overline{(A \triangle B)} \triangle A\right] \triangle \overline{(B \triangle C)} = C$

c) $\overline{\left[\overline{(A \triangle C)} \triangle \left(\overline{B} \triangle C\right)\right]} \triangle \left(\overline{B} \triangle A\right) = \emptyset$

d) $[(A \cap B) \triangle [(A \triangle C) \triangle B]] \triangle (C \cap A) = A \cup (B \triangle C)$

7. **Inklusion und Mengenoperationen**
Wir betrachten Teilmengen A, B und C der Grundmenge G. Welche Inklusionen können Sie aus den folgenden Aussageformen herleiten?

a) $A \cup B \cup C = B$

b) $A \cup C = B$

c) $\overline{(A \cap B)} \cap B = \emptyset$

d) $(A \cap B) \cup C = A$

e) $A \cap B \cap C = A$

f) $A \triangle (A \cup B) = \emptyset$

g) $A \triangle (B \cap C) = A \triangle C$

8. **Potenzmenge**

   a) Sei $A = \{\heartsuit, \diamondsuit\}$. Bestimmen Sie die Potenzmenge von A.

   b) Bestimmen Sie die Menge aller Teilmengen der Menge $M = \{a, b, c, \emptyset\}$, welche zwei Elemente enthalten. (Die Elemente $a, b, c, \emptyset$ werden als paarweise verschieden vorausgesetzt.)

   c) Wir definieren die Menge $P_0 = \emptyset$ und Mengen $P_k = \mathcal{P}(P_{k-1})$ für alle $k \in \mathbb{N}$. Bestimmen Sie P_1, P_2 und P_3.

9. **Gleichungen: Äquivalenz- und Gewinnumformungen**
   Wir betrachten die Gleichung

$$\sqrt{2-x} + \sqrt{2x+6} = \sqrt{11x-2}$$

   in $\mathbb{R}$.

   a) Bestimmen Sie die Lösungsmenge.

   b) Kommentieren Sie Ihren Lösungsweg: Bei welchen Umformungen handelt es sich um Äquivalenzumformungen? Bei welchen um Gewinnumformungen?

10. **Mengen im Cartesischen Koordinatensystem**
    Gegeben sind die Mengen

$$A := \{(x,y) \in \mathbb{R}^2 \mid x^2 + y^2 > 1\}$$
$$B := \{(x,y) \in \mathbb{R}^2 \mid (x-1)^2 + (y-1)^2 \leq 1\}$$
$$C := \{(x,y) \in \mathbb{R}^2 \mid y < x\}$$

    Stellen Sie die Mengen

    a) $A \triangle B$,

    b) $A \triangle C$,

    c) $(A \triangle B) \triangle C$

    je in einem Cartesischen Koordinatensystem dar und berücksichtigen Sie dabei die Ränder. (Verwenden Sie die folgende Notation: • Eckpunkt gehört dazu, ∘ Eckpunkt gehört nicht dazu, ——— Randlinie gehört dazu, – – – Randlinie gehört nicht dazu.)

11. **Lösungsmengen**
    Gegeben sind die Aussageformen

$$\varphi(x,y): \quad \Leftrightarrow \quad ((x-3)^2 + (y-4)^2 > 4) \rightarrow ((x^2 + 2y < 8) \wedge (y > 2-x))$$
$$\eta(y): \quad \Leftrightarrow \quad \exists x(\varphi(x,y))$$
$$\psi(x): \quad \Leftrightarrow \quad \exists y(\varphi(x,y))$$

    mit der Grundmenge $\mathbb{Z} \times \mathbb{Z}$ bzw. $\mathbb{Z}$.

    a) Formen Sie zuerst $\varphi(x,y)$ so um, dass keine Subjunktion mehr vorkommt.

    b) Stellen Sie die Lösungsmenge von $\varphi(x,y)$ in einem Koordinatensystem dar.

    c) Bestimmen Sie die Lösungsmengen von $\eta(y)$ und $\psi(x)$ in aufzählender Form.

    d) Bestimmen Sie die Lösungsmenge von $\neg\eta(y)$ in aufzählender Form. Warum können Sie Ihre Antwort in b) dazu verwenden?

3 Relationen und Funktionen

Der Funktionsbegriff ist eine der tragenden Säulen der Mathematik. In den meisten ihrer Teilgebiete und auch in vielen Anwendungen spielt er eine zentrale Rolle. Dank dieses Begriffs können weit auseinanderliegende Gebiete der (Schul-)Mathematik wie Proportionalität, Perspektive, Kartenprojektionen, Symmetrie oder Zinseszins unter einen Hut gebracht werden.

Der hier gewählte Zugang entspricht dem bisherigen Aufbau der Grundbegriffe. Funktionen werden als spezielle Relationen definiert.

3.1 Zweistellige Relationen

Gegeben seien zwei beliebige Mengen A, B.

Definition Unter einer **zweistelligen Relation** R *von* A *nach* B verstehen wir ein zweistelliges Prädikat, wobei A die Grundmenge für die erste und B die Grundmenge für die zweite Variable bezeichnen. Die Grundmenge für die erste Variable wird **Quellmenge** der Relation R genannt. Die Grundmenge für die zweite Variable heißt **Zielmenge** von R. Als **Grundmenge** der Relation R fasst man das cartesische Produkt $A \times B$ auf.

Für manche Relationen werden eigene Bezeichnungen verwendet.

Beispiel 1

$x = y$	die Gleichheit
$x \leq y$	die Ordnungsrelation der (reellen) Zahlen
$a \mid b$	die Teilerrelation natürlicher oder ganzer Zahlen
$A \Leftrightarrow B$	die logische Äquivalenz aussagenlogischer Aussageformen
$N \subseteq M$	die Inklusion von Mengen
$x \in M$	die Zugehörigkeitsrelation zwischen Element und Menge

Außer im Fall der Zugehörigkeitsrelation stimmen bei diesen Beispielen Quell- und Zielmenge stets überein. Ist R eine Relation mit derselben Quell- und Zielmenge A, so spricht man von einer **Relation in** A.

In diesem Sinne sind Gleichheit und Ordnungsrelation von reellen Zahlen Relationen in $\mathbb{R}$, die Teilerrelation ist hier eine Relation in $\mathbb{N}$ oder $\mathbb{Z}$. Für Teilmengen N und M der Grundmenge G ist die Inklusion (oder auch die Gleichheit von Mengen) eine Relation in der Potenzmenge $\mathcal{P}(G)$, während die Zugehörigkeitsrelation eine Relation von G nach $\mathcal{P}(G)$ ist.

In Anlehnung an die obigen Beispiele wird das Relationssymbol auch in allgemeineren Betrachtungen *zwischen* die Subjektvariablen gesetzt. Ist R die Bezeichnung für die betreffende Relation, so ist also

$$x\,R\,y$$

die Schreibweise für die zugehörige Aussageform; diese besitzt zwei freie Subjektvariablen. Wir betrachten hier und im Folgenden stets zweistellige Relationen. Bei drei- und mehrstelligen Relationen muss die Schreibweise der Situation angepasst werden.

Definition

1. Es sei R eine Relation mit der Grundmenge $A \times B$. Die zugehörige Lösungsmenge wird **Graph** von R genannt und mit $\mathbb{G}_R$ bezeichnet:

$$\mathbb{G}_R = \{(x,y) \in A \times B \mid x\,R\,y\}\,.$$

2. Zwei Relationen R und S mit derselben Grundmenge sind **gleich**, wenn sie denselben Graph haben.

Es sei umgekehrt M irgendeine Teilmenge von $A \times B$. Wir definieren die **Relation** R durch[1]

$$x\,R\,y \quad :\Leftrightarrow \quad (x,y) \in M\,.$$

Dann gilt offensichtlich $\mathbb{G}_R = M$. Somit entsprechen die *zweistelligen Relationen mit Grundmenge* $A \times B$ den *Teilmengen von* $A \times B$.

In den meisten mathematischen Lehrbüchern werden Relationen direkt als *Teilmengen von cartesischen Produkten* definiert, d. h. eine Relation wird mit ihrem Graphen identifiziert.

Darstellung des Graphen einer Relation

Anhand einiger unterschiedlicher Beispiele zeigen wir, wie der Graph einer Relation dargestellt werden kann.

Beispiel 2 Gegeben sind die Mengen $A = \{\text{Anna}(a), \text{Barbara}(b), \text{Carla}(c), \text{Daniela}(d)\}$ und $D = \{\text{Mo}, \text{Di}, \text{Mi}, \text{Do}, \text{Fr}, \text{Sa}\}$. Die Relation R von A nach D sei definiert durch:

$$x\,R\,y \quad :\Leftrightarrow \quad \text{Studentin } x \text{ hat am } y\text{-Nachmittag frei.}$$

[1] Das Äquivalenzsymbol mit dem Doppelpunkt $:\Leftrightarrow$ wird für Definitionen verwendet.

Bei solchen Beispielen wird die Relation am einfachsten durch ihren Graphen definiert. Wir geben dafür drei unterschiedliche Darstellungsarten an:

	Mo	*Di*	*Mi*	*Do*	*Fr*	*Sa*
a	×			×		×
b		×				×
c		×			×	×
d		×		×		×

Tabelle

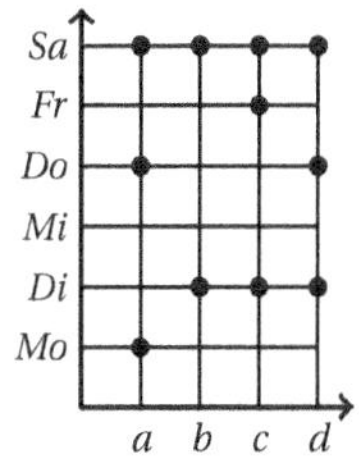

Koordinatendiagramm

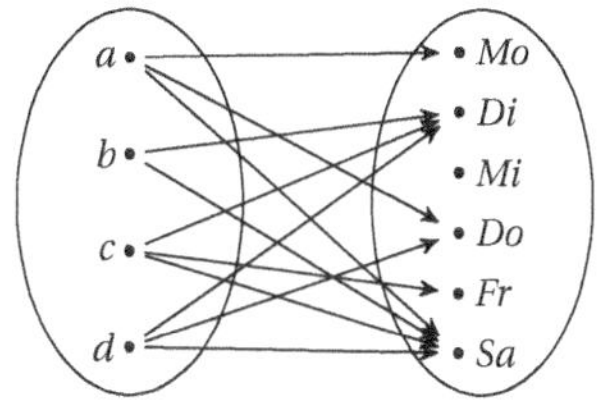

Pfeildiagramm

Der Graph einer Relation in $\mathbb{R}$ wird häufig in einem Koordinatensystem dargestellt.

Beispiel 3 Darstellung des Graphen der Relation $x \geq y - 1$ in $\mathbb{R}$.

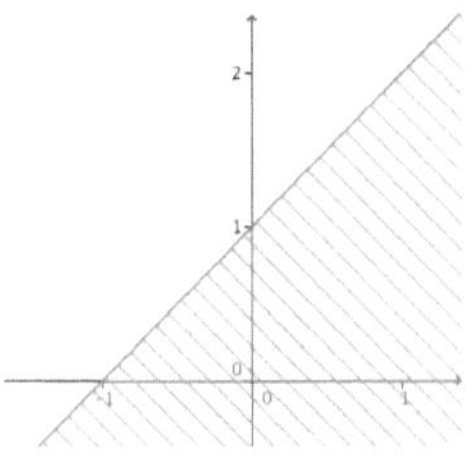

Definition

1. Die Menge $\mathbb{D}(R) = \{x \in A \mid \exists y \in B(x\,R\,y)\}$ heißt **Definitionsbereich** von R.
2. Die Menge $\mathbb{W}(R) = \{y \in B \mid \exists x \in A(x\,R\,y)\}$ heißt **Wertebereich** von R.

Beispiel 4 Bei den meisten bisher betrachteten Beispielen stimmen $\mathbb{D}(R)$ mit A und $\mathbb{W}(R)$ mit B überein. Nun wollen wir auch andere Beispiele betrachten:

a) Die *Zugehörigkeitsrelation* $x \in A$ (mit Grundmenge $G \times \mathcal{P}(G)$).
Es gilt $\mathbb{D}(\in) = G$, aber $\mathbb{W}(\in) = \mathcal{P}(G) \setminus \{\emptyset\}$.

b) Die *„strenge“ Teilerrelation*:

$$x \,||\, y \quad :\Leftrightarrow \quad x \mid y \wedge x \neq 1 \wedge x \neq y \text{ in } \mathbb{N}.$$

Es gelten $\mathbb{D}(||) = \mathbb{N} \setminus \{1\}$ und $\mathbb{W}(||) = \mathbb{N} \setminus \{1, 2, 3, 5, 7, 11, 13, 17, \ldots\}$.

Operationen mit Relationen

Als Operationen mit Relationen treten hier die Zusammensetzung (Komposition) und die Umkehrung (Inversion) auf. Dies sind zwei fundamentale Konzepte, welche sich in vielen Gebieten der Mathematik als äußerst fruchtbar erweisen.

Definition

1. Gegeben seien die Relation R von A nach B und die Relation S von B nach C. Die **Zusammensetzung** (oder **Komposition**) $S \circ R$ ist eine Relation von A nach C und wird definiert durch

   $$x(S \circ R)z \;:\Leftrightarrow\; \exists y \in B\,[xRy \wedge ySz]\,.$$

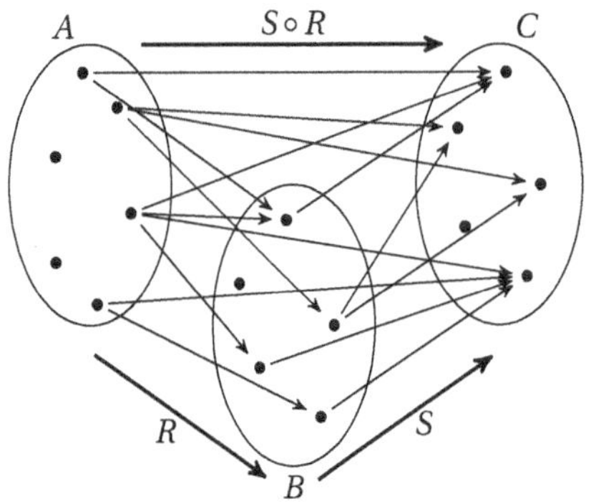

2. Gegeben sei die Relation R von A nach B. Die zu R **inverse** Relation (oder **Umkehrrelation**) ist definiert durch

   $$yR^{-1}x \;:\Leftrightarrow\; xRy.$$

   Gegenüber R sind bei der inversen Relation R^{-1} *Quellmenge* und *Zielmenge* vertauscht: R^{-1} ist eine Relation von B nach A.

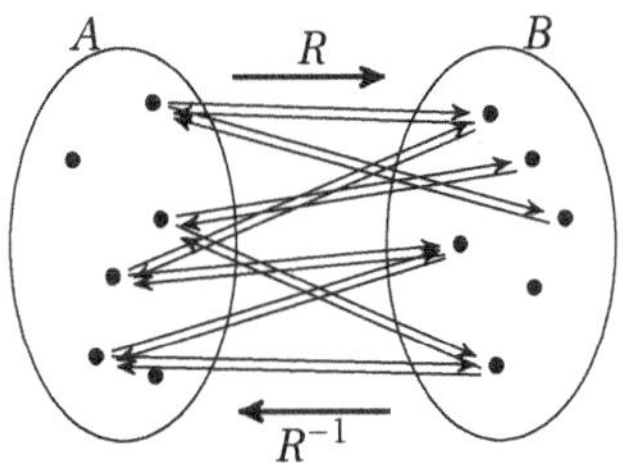

Beispiel 5 Wir betrachten die folgenden *Verwandtschaftsrelationen*:

E: ist Ehemann von, T: ist Tochter von,
K: ist Kind von, V: ist Vater von.

Dann gelten:

a) $x(V \circ V)z \Leftrightarrow \exists y\,[xVy \wedge yVz]$ x ist Großvater väterlicherseits von z.

b) $x(T \circ E)z \Leftrightarrow \exists y\,[xEy \wedge yTz]$ x ist Schwiegersohn von z.

c) $x(V \circ K)z \Leftrightarrow \exists y\,[xKy \wedge yVz]$ x hat denselben Vater wie z oder $x = z$.

d) $xE^{-1}y \Leftrightarrow yEx$ x ist Ehefrau von y.

e) $xK^{-1}y \Leftrightarrow yKx$ x ist Elternteil von y.

Beispiel 6 Die Relationen R, S in $\mathbb{R}$ seien wie folgt definiert:

$$xRy :\Leftrightarrow x = y-1 \quad \text{und} \quad xSy :\Leftrightarrow x = \tfrac{1}{2}y.$$

Dann haben wir:

a) $x(S\circ R)z \Leftrightarrow \exists y\left[(x=y-1)\wedge\left(y=\tfrac{1}{2}z\right)\right] \Leftrightarrow x=\tfrac{1}{2}z-1.$
b) $x(R\circ S)z \Leftrightarrow \exists y\left[\left(x=\tfrac{1}{2}y\right)\wedge(y=z-1)\right] \Leftrightarrow x=\tfrac{1}{2}(z-1).$
c) $x(R\circ R)z \Leftrightarrow \exists y\left[(x=y-1)\wedge(y=z-1)\right] \Leftrightarrow x=z-2.$
d) $xR^{-1}y \Leftrightarrow y=x-1 \Leftrightarrow x=y+1.$
e) $xS^{-1}y \Leftrightarrow y=\tfrac{1}{2}x \Leftrightarrow x=2y.$
f) $x\left(R^{-1}\circ S\right)z \Leftrightarrow \exists y\left[\left(x=\tfrac{1}{2}y\right)\wedge(y=z+1)\right] \Leftrightarrow x=\tfrac{1}{2}(z+1).$
g) $x\left(S^{-1}\circ R^{-1}\right)z \Leftrightarrow \exists y\left[(x=y+1)\wedge(y=2z)\right] \Leftrightarrow x=2z+1.$

Weitere Operationen

Definition Sind R und S zwei Relationen mit derselben Quellmenge A und derselben Zielmenge B, so können der **Durchschnitt** und die **Vereinigung** von R und S sowie das **Komplement** von R auf offensichtliche Weise definiert werden:

$$\begin{aligned} x(R\cap S)y &:\Leftrightarrow xRy\wedge xSy,\\ x(R\cup S)y &:\Leftrightarrow xRy\vee xSy,\\ x\overline{R}y &:\Leftrightarrow \neg(xRy). \end{aligned}$$

Die Relationen $R\cap S, R\cup S$ und $\overline{R}$ haben ebenfalls die Quellmenge A und die Zielmenge B. Für die betreffenden Graphen gilt dann:

$$\begin{aligned} \mathbb{G}_{R\cap S} &= \mathbb{G}_R\cap\mathbb{G}_S,\\ \mathbb{G}_{R\cup S} &= \mathbb{G}_R\cup\mathbb{G}_S,\\ \mathbb{G}_{\overline{R}} &= \overline{\mathbb{G}_R}. \end{aligned}$$

Beispiel 7 In einer Menschenmenge betrachten wir die Relationen

M: ist Mutter von, E: ist Ehemann von, K: ist Kind von.

a) „x ist verheiratet mit y“ kann mit diesen Bezeichnungen als $x\left(E\cup E^{-1}\right)y$ geschrieben werden.
b) „x ist Vater von y“ überträgt sich in $x\left(K^{-1}\cap\overline{M}\right)y$.
c) „x ist Stiefkind von z“ kann zunächst als $x\overline{K}z \wedge \exists y\left(xKy\wedge y\left(E\cup E^{-1}\right)z\right)$ geschrieben werden. Mit Hilfe der eingeführten Operationen lässt sich diese Aussageform auch in die äquivalente Form $x\left[\overline{K}\cap\left(\left(E\cup E^{-1}\right)\circ K\right)\right]z$ übersetzen.

Beispiel 8 Die Relationen R und S in $\mathbb{R}$ seien definiert durch

$$R\colon 3x-2y=8\,, \qquad S\colon 2x+3y=1\,.$$

Die Graphen von R und S können vermöge eines (rechtwinkligen) Koordinatensystems als Geraden in einer Ebene aufgefasst werden. Die zum Durchschnitt $R\cap S$ gehörige Aussageform ist das lineare Gleichungssystem

$$\begin{cases} 3x-2y=8 \\ 2x+3y=1 \end{cases}$$

Der Graph $\mathbb{G}_{R\cap S}$ ist der Durchschnitt der beiden Graphen. In unserem Beispiel haben die beiden Geraden verschiedene Steigungen und schneiden sich demnach in einem Punkt. Der Graph besteht somit aus einem einzigen Element, nämlich $(2,-1)$.

Gegeben sind die Mengen A, B.

Für zwei Relationen R, S von A nach B definieren wir die **Inklusion** $R\subseteq S$ durch

$$R\subseteq S :\Leftrightarrow \mathbb{G}_R \subseteq \mathbb{G}_S$$

oder elementweise durch

$$R\subseteq S \;:\Leftrightarrow\; \forall x\in A\, \forall y\in B\,(x\,R\,y \rightarrow x\,S\,y)\,.$$

Für diese Relation zwischen Relationen gelten die von den Mengen bekannten Gesetze (d. h. die folgenden Aussageformen sind allgemeingültig in $\mathcal{R}$):

a) Aus $R\subseteq S$ und $S\subseteq T$ folgt $R\subseteq T$.

b) Aus $R\subseteq S$ und $S\subseteq R$ folgt $R=S$.

Bemerkung Die Formel $\forall y\in B\,(x\,R\,y \rightarrow x\,S\,y)$ ist eine Abkürzung für die schwerfälligere Schreibweise $\forall y\,(y\in B \rightarrow (x\,R\,y \rightarrow x\,S\,y))$. Wir werden von jetzt an von dieser Abkürzungsmöglichkeit Gebrauch machen.

Beispiel 9 In einer Menschenmenge werden die folgenden Relationen betrachtet:

M: ist Mutter von, K: ist Kind von, B: ist Bruder von.

Es gelten stets $M\subseteq K^{-1}$ und $B\subseteq (K^{-1}\circ K)$, jedoch $K^{-1}\not\subseteq M$ und $B\not\subseteq B^{-1}$.

Beispiel 10 Die Relationen R, S und T in $\mathbb{R}$ seien gegeben durch

$$x\,R\,y :\Leftrightarrow 3x-2y=8\,, \qquad x\,S\,y :\Leftrightarrow 3x-2y\le 8\,, \qquad x\,T\,y :\Leftrightarrow 3x-2y\ge 8\,.$$

Es gilt offensichtlich $R\subseteq S$ und $R\subseteq T$; zudem haben wir $R=S\cap T$.

Totalität und Eindeutigkeit

Definition Wir betrachten Relationen von A nach B.

1. Die Relation R heißt **linkstotal**, falls es zu jedem Element $x \in A$ *mindestens* ein Element $y \in B$ gibt, so dass $x R y$.
2. R heißt **rechtstotal**, falls es zu jedem $y \in B$ *mindestens* ein $x \in A$ gibt, so dass $x R y$.
3. R heißt **rechtseindeutig**, falls es zu jedem $x \in A$ *höchstens* ein $y \in B$ gibt, so dass $x R y$.
4. R heißt **linkseindeutig**, falls es zu jedem $y \in B$ *höchstens* ein $x \in A$ gibt mit $x R y$.

Illustration mit Pfeildiagrammen:

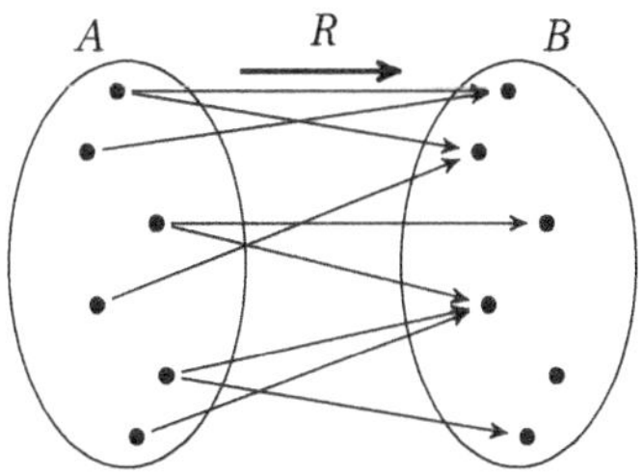

R ist linkstotal

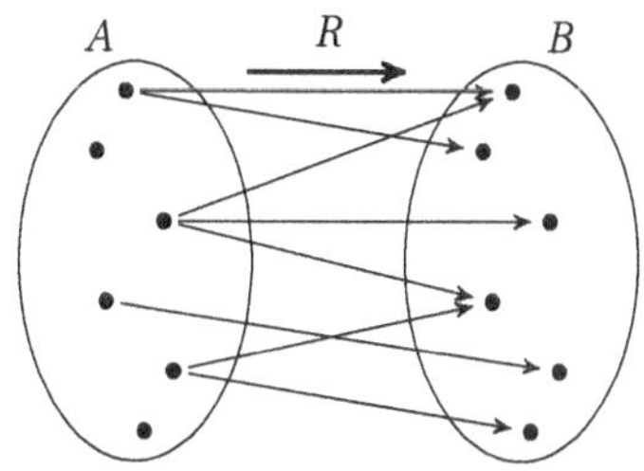

R ist rechtstotal

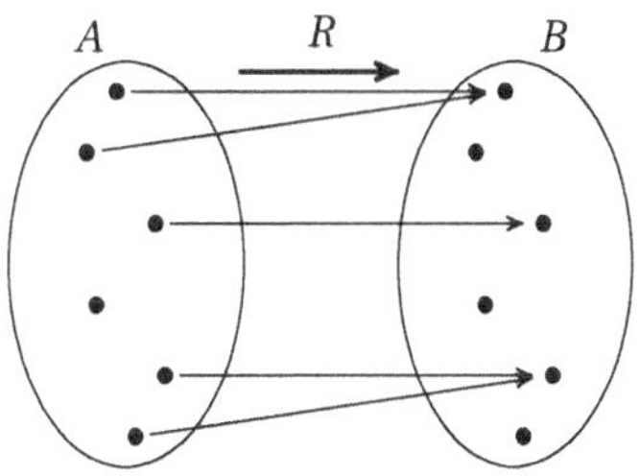

R ist rechtseindeutig

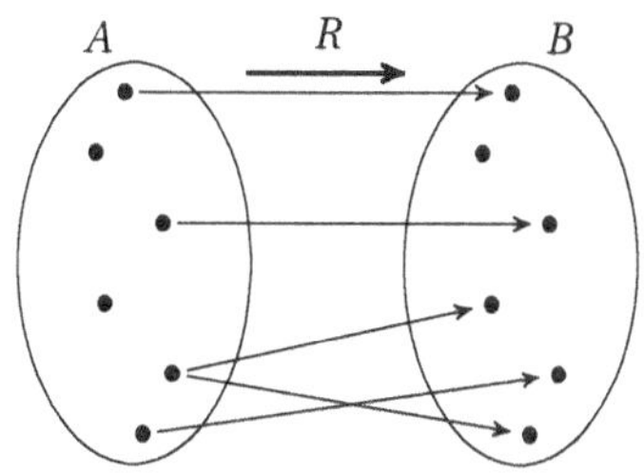

R ist linkseindeutig

Beispiel 11 Die Teilerrelation $x \mid y$ in $\mathbb{N}$ ist *links-* und *rechtstotal*, aber weder rechts- noch linkseindeutig.

Beispiel 12 Die Zugehörigkeitsrelation $x \in A$ ist *linkstotal*, aber nicht *rechtstotal*. Hat die Grundmenge mehr als ein Element, so ist diese Relation weder rechts- noch linkseindeutig.

Beispiel 13

a) Die Relation $x^2 = y$ in $\mathbb{R}$ ist *linkstotal* und *rechtseindeutig*, aber weder rechtstotal noch linkseindeutig.
b) Die Relation $x^3 = y$ in $\mathbb{R}$ ist *links-* und *rechtstotal* sowie *rechts-* und *linkseindeutig*.
c) Die Relation $x^3 > y$ in $\mathbb{R}$ ist *links-* und *rechtstotal*, aber weder rechts- noch linkseindeutig.

Bemerkung Eine Relation R von A nach B ist genau dann *linkstotal*, wenn ihr *Definitionsbereich* mit der *Quellmenge* A übereinstimmt; R ist genau dann *rechtstotal*, wenn ihr *Wertebereich* mit der *Zielmenge* B übereinstimmt.

3.2 Funktionen (Abbildungen)

Gegeben sei eine zweistellige Relation F mit Quellmenge A und Zielmenge B.

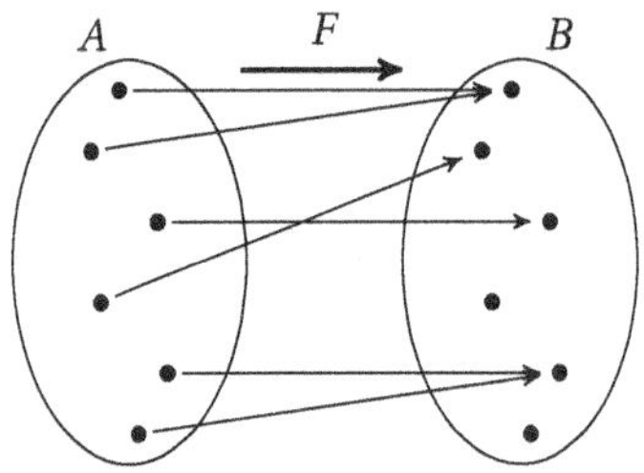

Definition Die Relation F heißt **Funktion** oder **Abbildung** von A nach B, falls F linkstotal und rechtseindeutig ist.

Ist F eine Funktion von A nach B, so gibt es also zu *jedem* Element $x \in A$ *genau ein* (d.h. mindestens und höchstens ein) Element $y \in B$ derart, dass $x\,F\,y$.

Die historische Entwicklung des Funktionsbegriffs erfolgte in mehreren Schritten. Von Bedeutung war zunächst die Einführung der Variablen durch François Viète (vgl. S. 8). Der moderne Funktionsbegriff geht auf Joseph Fourier[2] und seinen Schüler Peter Gustav Lejeune Dirichlet[3] zurück.

Das Wort *Funktion* wird vor allem dann benutzt, wenn die Zielmenge eine Zahlenmenge ist. Der Begriff *Abbildung* findet vor allem in Geometrie und Algebra Verwendung.

Definition Ist F eine Abbildung/Funktion, so werden wir anstelle von xFy von nun an stets $y = F(x)$ schreiben. Das Element $F(x)$ heißt das **Bild** *von x unter der Abbildung F* bzw. der **Wert** *der Funktion F an der Stelle x*.

Für Funktionen werden wir im Folgenden meistens lateinische oder griechische Kleinbuchstaben verwenden:

$$f, g, h, \ldots, \varphi, \psi, \chi, \ldots, \text{ usw.}$$

Für die Funktion f von A nach B, deren Werte mit Hilfe des Terms $f(x)$ berechnet werden, schreiben wir im Folgenden

! $f\colon A \to B;\quad x \mapsto y = f(x)$ oder $\begin{aligned} f\colon A &\to B \\ x &\mapsto y = f(x) \end{aligned}$

Definition Für eine beliebige Teilmenge M von A definieren wir

$$f(M) := \{f(a) \mid a \in M\}$$

2 Jean Baptiste Joseph Fourier (1768-1830), französischer Mathematiker und Physiker
3 Johann Peter Gustav Lejeune Dirichlet (1805-1859), deutscher Mathematiker

Beispiel 1

a) $f\colon \mathbb{R} \to \mathbb{R}$; $\quad x \mapsto y = x^2 \quad$ (kurz $x \mapsto x^2$),

b) $g\colon \mathbb{R} \to \mathbb{R}$; $\quad x \mapsto y = \sin(x) \quad$ (oder $x \mapsto \sin(x)$),

c) $h\colon \left]0,\infty\right[\to \mathbb{R}$; $\quad x \mapsto y = \ln(x) \quad$ (oder $x \mapsto \ln(x)$).

Beispiel 2 Geometrische Abbildungen. Die elementare Planimetrie wird in vielen Schulbüchern auf dem *Abbildungsbegriff* aufgebaut. Für die Schulmathematik relevant sind

1. die **Kongruenzabbildungen**: Parallelverschiebung (Translation), Drehung (Rotation), Geradenspiegelung und Schubspiegelung,
2. die **Ähnlichkeitsabbildungen**: die zentrische Streckung und ihre Zusammensetzung mit Kongruenzabbildungen.

Wir kehren zum allgemeinen Fall zurück. Es sei $f\colon A \to B$ eine beliebige Funktion. Da f linkstotal ist, stimmen Quellmenge und Definitionsbereich überein. Hingegen muss f nicht rechtstotal sein: Der Wertebereich einer Funktion ist oft eine *echte* Teilmenge der Zielmenge.

Beispiel 3 $g\colon \mathbb{R} \to \mathbb{R}$; $x \mapsto x^2 - 2$
hat Definitionsbereich $\mathbb{D}(g) = \mathbb{R}$ und Wertebereich $\mathbb{W}(g) = \left[-2, +\infty\right[\subset \mathbb{R}$.

Definition Gegeben sei eine Abbildung $f\colon A \to B$.

1. f heißt **surjektiv** (oder *Abbildung* **auf** B), falls es zu jedem Element $y \in B$ *mindestens* ein Element $x \in A$ gibt, derart dass $f(x) = y$ ist.
2. f heißt **injektiv** (oder **eineindeutig**), falls es zu jedem Element $y \in B$ *höchstens* ein Element $x \in A$ gibt, derart dass $f(x) = y$ ist.
3. f heißt **bijektiv** (oder **eineindeutige** Abbildung **auf** B), falls f sowohl *surjektiv* als auch *injektiv* ist.

Bemerkung Nach Definition ist jede Abbildung linkstotal und rechtseindeutig.

1. Eine Abbildung f ist genau dann *surjektiv*, wenn sie *rechtstotal* ist.
2. Eine Abbildung ist genau dann *injektiv*, wenn sie *linkseindeutig* ist.
3. Eine *bijektive* Abbildung ist sowohl *links- und rechtstotal* als auch *rechts- und linkseindeutig*.

Beispiel 4 $f\colon \mathbb{R} \to \mathbb{R}$; $x \mapsto x^3 - x$
f ist zwar surjektiv, aber nicht injektiv: der Wert 0 wird dreimal angenommen.

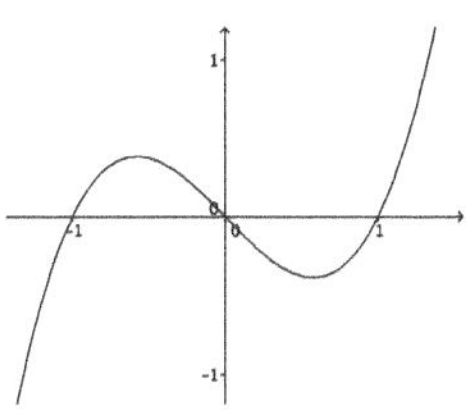

Graph von f

Beispiel 5 $g\colon \mathbb{R} \to \mathbb{R}$; $x \mapsto e^x$
g ist injektiv, aber *nicht surjektiv*: $\mathbb{W}(g) = \left]0, +\infty\right[$

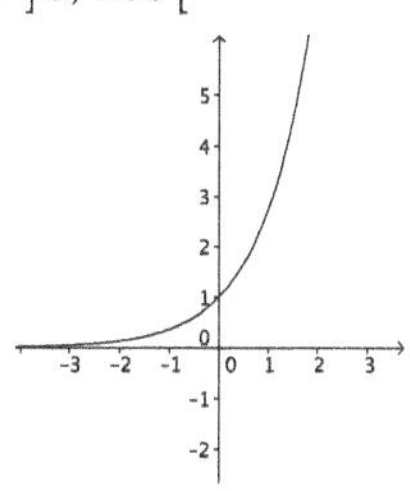

Graph von g

Als anschauliches Kriterium für Funktionen $\mathbb{R} \to \mathbb{R}$ können wir formulieren:

1. Die Funktion f ist genau dann *surjektiv*, wenn der Graph von f jede horizontale Gerade *mindestens* einmal schneidet.
2. Die Funktion f ist genau dann *injektiv*, wenn der Graph von f jede Horizontale *höchstens* einmal schneidet.
3. Die Funktion f ist genau dann *bijektiv*, wenn der Graph von f jede Horizontale *genau* einmal schneidet.

Als nächstes *formalisieren* wir die Definitionen für surjektive, injektive und bijektive Abbildungen. Gegeben sei eine Abbildung $f\colon A \to B$.

1. f ist surjektiv $\Leftrightarrow \forall y \in B\ \exists x \in A \big(f(x) = y\big)$
2. f ist injektiv $\Leftrightarrow \forall y \in B\ \forall x_1, x_2 \in A \big[\big(f(x_1) = y \wedge f(x_2) = y\big) \longrightarrow (x_1 = x_2)\big]$,
   $\Leftrightarrow \forall x_1, x_2 \in A \big[\big(f(x_1) = f(x_2)\big) \longrightarrow (x_1 = x_2)\big]$,
   $\Leftrightarrow \forall x_1, x_2 \in A \big[(x_1 \neq x_2) \longrightarrow \big(f(x_1) \neq f(x_2)\big)\big]$
3. f ist bijektiv $\Leftrightarrow \big[\forall y \in B\ \exists x \in A \big(f(x) = y\big)\big] \wedge \big[\forall x_1, x_2 \big(f(x_1) = f(x_2) \to x_1 = x_2\big)\big]$

   Dafür schreibt man abgekürzt:
   $$\forall y \in B\ \exists! x \in A \big(f(x) = y\big)$$
   In Worten: „Zu jedem y aus B gibt es *genau ein* x aus A mit …"

Zusammensetzung von Abbildungen

Gegeben seien die Abbildungen (Funktionen) $f\colon A \to B$ und $g\colon B \to C$. Die *Zusammensetzung* oder *Komposition* der Relationen f und g ist die Relation $g \circ f$ von A nach C, welche (auf S. 58) definiert wurde durch

$$x(g \circ f)z \;:\Leftrightarrow\; \exists y \in B \big(x f y \wedge y g z\big).$$

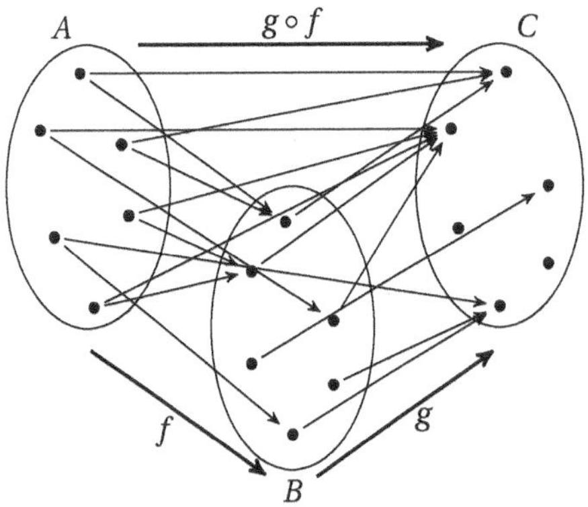

Es ist leicht einzusehen, dass die Zusammensetzung linkstotaler Relationen wieder linkstotal und die Zusammensetzung rechtseindeutiger Relationen wieder rechtseindeutig ist. Somit ist die Zusammensetzung von zwei Abbildungen wieder eine Abbildung. In der Schreibweise für Abbildungen ergibt sich:

$$x(g \circ f)z \;\Leftrightarrow\; \exists y \in B \big[f(x) = y \wedge g(y) = z\big] \;\Leftrightarrow\; g\big(f(x)\big) = z.$$

Jedem Element $x \in A$ wird dadurch ein eindeutiges Element $z \in C$ zugeordnet. Anstelle von $x(g \circ f)z$ schreiben wir $g \circ f(x) = z$.

Die **Zusammensetzung** (oder **Komposition**) $g \circ f\colon A \to C$ ist somit definiert durch die Vorschrift $x \mapsto g\big(f(x)\big)$.

Beispiel 6 Hier zwei Beispiele von Zusammensetzungen:

$$\left.\begin{aligned} f\colon \mathbb{R} \to \mathbb{R};\ x \mapsto y = 2x^2 - 1 \\ g\colon \mathbb{R} \to \mathbb{R};\ y \mapsto z = y^3 \end{aligned}\right\} \qquad \begin{aligned} g \circ f\colon \mathbb{R} \to \mathbb{R};\ x \mapsto z = \left(2x^2 - 1\right)^3 \\ f \circ g\colon \mathbb{R} \to \mathbb{R};\ y \mapsto u = 2y^6 - 1 \end{aligned}$$

Die Umkehrabbildung

Zu jeder Relation R existiert die inverse Relation R^{-1}. Wir überlegen uns, unter welchen Bedingungen die inverse Relation einer Abbildung wieder eine *Abbildung* ist.

Gegeben sei die Abbildung (Funktion) $f\colon A \to B$. Die zu f inverse Relation f^{-1} ist definiert durch

$$y f^{-1} x \ :\Leftrightarrow\ x f y \text{ für } y \in B, x \in A.$$

Offenbar ist f^{-1} genau dann linkstotal, wenn f rechtstotal ist. Ferner ist f^{-1} genau dann rechtseindeutig, wenn f linkseindeutig ist. Damit f^{-1} eine *Abbildung* ist, muss somit f *rechtstotal* und *linkseindeutig*, also *bijektiv* sein. In diesem Fall heißt f^{-1} die **Umkehrabbildung** (**Umkehrfunktion**) oder **inverse** Abbildung (**inverse** Funktion) von f. Es gilt

! $x = f^{-1}(y) \Leftrightarrow y = f(x)$ für beliebige $y \in B$ und $x \in A$. ■

Der Definitionsbereich von f^{-1} ist somit B, ihr Wertebereich ist A:

$$\mathbb{D}(f^{-1}) = \mathbb{W}(f) \quad \text{und} \quad \mathbb{W}(f^{-1}) = \mathbb{D}(f).$$

Bemerkung Ist $f\colon A \to B$ bijektiv, so ist auch $f^{-1}\colon B \to A$ bijektiv.

Beispiel 7 $f\colon \mathbb{R} \to \mathbb{R}; x \mapsto y = 2x - 1$, dann ist $f^{-1}\colon \mathbb{R} \to \mathbb{R}; y \mapsto x = \frac{1}{2}(y+1)$, denn es gilt: $f\left(\frac{1}{2}(y+1)\right) = 2\left(\frac{1}{2}(y+1)\right) - 1 = y$.

Definition Ist $f\colon A \to B$ eine Abbildung (Funktion), so wird ihre **Einschränkung** $f|_{A_1}\colon A_1 \to B$ auf eine Teilmenge A_1 von A definiert durch $f|_{A_1}(x) = f(x)$.

Durch Einschränkung auf eine geeignete Teilmenge A_1 kann eine Funktion *injektiv* werden.

Beispiel 8

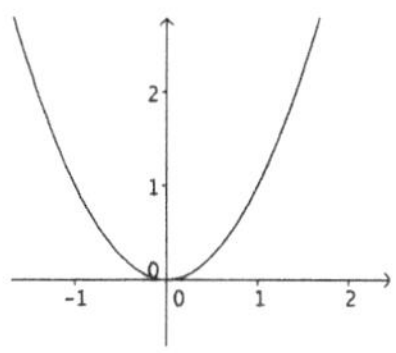

1. $f\colon \mathbb{R} \to \mathbb{R}; x \mapsto x^2$
   ist *nicht injektiv* und besitzt somit keine Umkehrfunktion.

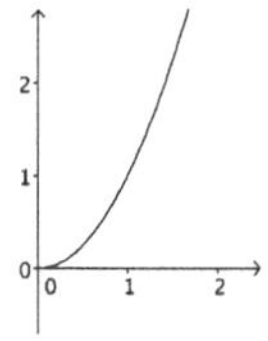

Die Einschränkung $f|_{[0,+\infty[}: [0,+\infty[\to \mathbb{R}; x \mapsto x^2$

ist *nicht surjektiv*, besitzt somit auch keine Umkehrfunktion.

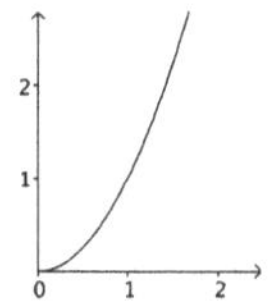

$f_1: [0,+\infty[\to [0,+\infty[; x \mapsto x^2$

ist sowohl surjektiv als auch injektiv, besitzt also eine Umkehrfunktion.

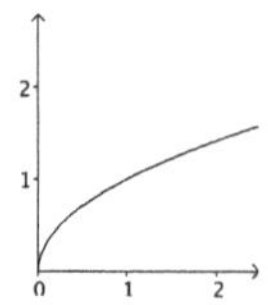

$f_1^{-1}: [0,+\infty[\to [0,+\infty[; y \mapsto x = \sqrt{y}$

2. $g: \mathbb{R} \to \mathbb{R}; x \mapsto y = x^3$

   $g^{-1}: \mathbb{R} \to \mathbb{R}; y \mapsto x = \sqrt[3]{y}$

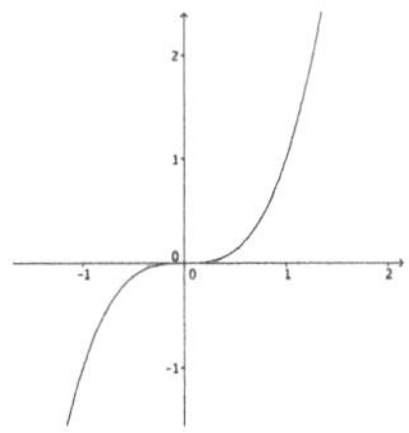

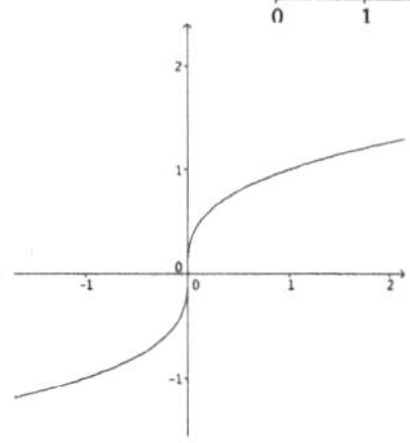

3. $h: \mathbb{R} \to]0,+\infty[; x \mapsto y = e^x$

   $h^{-1}:]0,+\infty[\to \mathbb{R}; y \mapsto x = \ln y$

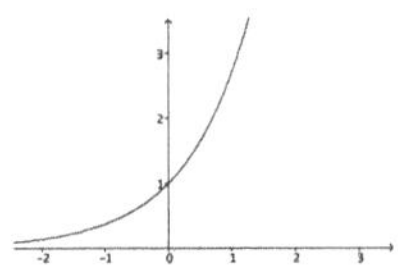

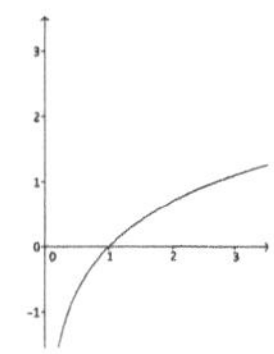

Zu beachten ist, dass für jede (bijektive) Funktion f gilt:

$(x,y) \in \mathbb{G}_f \Leftrightarrow (y,x) \in \mathbb{G}_{f^{-1}}$ ■

Für Funktionen von $\mathbb{R}$ nach $\mathbb{R}$ bedeutet dies, dass der Graph von f^{-1} aus dem Graphen von f durch Spiegelung an der Winkelhalbierenden des ersten Quadranten hervorgeht. Dabei wird der Definitionsbereich stets mit der horizontalen Achse identifiziert.

Der Funktionenkalkül

Wir notieren im Folgenden die Gesetze des Funktionen- oder Abbildungskalküls. Die Operationen, die betrachtet werden, sind die Komposition und (bei bijektiven Funktionen) die Inversenbildung. Dafür benötigen wir einerseits die Gleichheit von Funktionen und andererseits die identische Abbildung.

Definition Zwei Funktionen f, g sind **gleich**, wenn sie denselben Definitionsbereich A und dieselbe Zielmenge B haben, und wenn $f(x) = g(x)$ für alle $x \in A$ gilt. Somit sind zwei Funktionen genau dann gleich, wenn sie als Relationen gleich sind (vgl. Definition 2., S. 56).

Die Abbildung $\mathbb{1}_A\colon A \to A$, gegeben durch $x \mapsto x$ für alle $x \in A$, nennt man **identische Abbildung** oder **Identität**.

Satz 1
Für Funktionen/Abbildungen $f\colon A \to B$, $g\colon B \to C$, $h\colon C \to D$ sind die nachstehenden Aussageformen allgemeingültig:

1. $f \circ \mathbb{1}_A = f$, ($\mathbb{1}_A$ ist Rechts-Neutralelement)
2. $\mathbb{1}_B \circ f = f$, ($\mathbb{1}_B$ ist Links-Neutralelement)
3. $(h \circ g) \circ f = h \circ (g \circ f)$. (Assoziativgesetz)

■

Beweis

1. Die Funktionen $f \circ \mathbb{1}_A$ und f haben denselben Definitionsbereich und dieselbe Zielmenge. Zudem gilt

$$f \circ \mathbb{1}_A(x) = f(\mathbb{1}_A(x)) = f(x)$$

für jedes $x \in A$. Es ergibt sich $f \circ \mathbb{1}_A = f$, wie behauptet.

2. Wird analog bewiesen.
3. Beide Funktionen haben den Definitionsbereich A und die Zielmenge D. Zudem gilt:

$$\begin{aligned}(h \circ g) \circ f(x) &= (h \circ g)\big(f(x)\big)\\ &= h\big(g\big(f(x)\big)\big)\\ &= h\big((g \circ f)(x)\big)\\ &= h \circ (g \circ f)(x)\end{aligned}$$

■

Satz 2
Für *bijektive* Funktionen/Abbildungen $f\colon A \to B$ und $g\colon B \to C$ sind auch die folgenden Aussageformen allgemeingültig:

1. $f^{-1} \circ f = \mathbb{1}_A$,
2. $f \circ f^{-1} = \mathbb{1}_B$,
3. $g \circ f$ ist bijektiv, und es gilt $(g \circ f)^{-1} = f^{-1} \circ g^{-1}$.

■

Beweis 1. Beide Funktionen $f^{-1} \circ f$ und $\mathbb{1}_A$ haben Definitionsbereich und Zielmenge A. Zudem gilt, da f injektiv ist:

$$f^{-1} \circ f(x) = f^{-1}\big(f(x)\big) = y \;\Leftrightarrow\; f(x) = f(y) \;\Leftrightarrow\; x = y$$

für alle $x, y \in A$. Also ergibt sich $f^{-1} \circ f = \mathbb{1}_A$, wie behauptet.

2. Wird analog bewiesen.

3. a) Zuerst zeigen wir: Sind f und g beide surjektiv, so ist auch $g \circ f$ surjektiv. Es sei $c \in C$ beliebig. Da g surjektiv ist, gibt es ein $b \in B$ mit $g(b) = c$. Da f surjektiv ist, gibt es ein $a \in A$ mit $f(a) = b$, somit gilt: $g \circ f(a) = g\big(f(a)\big) = g(b) = c$.

   b) Nun zeigen wir: Sind f und g beide injektiv, so ist auch $g \circ f$ injektiv. Es seien $x_1, x_2 \in A$ mit $g \circ f(x_1) = g \circ f(x_2)$, also mit $g\big(f(x_1)\big) = g\big(f(x_2)\big)$. Da g injektiv ist, gilt somit $f(x_1) = f(x_2)$. Da f injeiktiv ist, folgt $x_1 = x_2$.

   Daraus folgern wir: Sind f und g beide *bijektiv*, so ist auch $g \circ f$ bijektiv.
   Ferner gilt für beliebige $x \in A$ und $z \in C$:

$$\begin{aligned}(g \circ f)^{-1}(z) = x \quad &\Leftrightarrow \quad z = (g \circ f)(x)\\ &\Leftrightarrow \quad z = g\big(f(x)\big)\\ &\Leftrightarrow \quad g^{-1}(z) = f(x)\\ &\Leftrightarrow \quad f^{-1}\big(g^{-1}(z)\big) = x\,.\end{aligned}$$

   Also gilt $(g \circ f)^{-1}(z) = f^{-1}\big(g^{-1}(z)\big)$ für alle $z \in C$. ■

Ein nützliches Kriterium für Bijektivität ist der folgende Satz:

Satz 3
Eine Funktion $f\colon A \to B$ ist genau dann *bijektiv*, wenn es eine Funktion $g\colon B \to A$ gibt mit den Eigenschaften

1. $g \circ f = \mathbb{1}_A$ und
2. $f \circ g = \mathbb{1}_B$.

In diesem Fall gilt: $g = f^{-1}$ ■

Beweis Ist $f\colon A \to B$ bijektiv, so ist $f^{-1}\colon B \to A$ ebenfalls eine Funktion, und $g := f^{-1}$ hat die Eigenschaften 1. und 2. nach Satz 2.1. und 2.2.

Sei umgekehrt $g\colon B \to A$ eine Funktion mit den Eigenschaften 1. und 2. Seien $x_1, x_2 \in A$ mit $f(x_1) = f(x_2)$. Nach 1. gilt dann

$$x_1 = \mathbb{1}_A(x_1) = g \circ f(x_1) = g \circ f(x_2) = \mathbb{1}_A(x_2) = x_2\,.$$

Also ist f injektiv.

Sei nun $y \in B$ beliebig. Für $x = g(y)$ gilt dann gemäß 2.

$$f(x) = f \circ g(y) = \mathbb{1}_B(y) = y\,.$$

Also ist f auch surjektiv und damit bijektiv.

Ferner gilt

$$g = g \circ \mathbb{1}_B = g \circ \big(f \circ f^{-1}\big) = (g \circ f) \circ f^{-1} = \mathbb{1}_A \circ f^{-1} = f^{-1}\,.$$

Dabei haben wir die Sätze 1 und 2 sowie die Eigenschaft 1. verwendet. ■

Beispiel 9 Wir betrachten die Funktion $F\colon \mathbb{R} \to \mathbb{R}$, welche durch $x \mapsto \frac{e^x - e^{-x}}{2}$ definiert wird[4]. Wegen $\frac{1}{e^x} = e^{-x}$ kann F als Zusammensetzung $F = g \circ f$ aufgefasst werden, wobei

$$f\colon \mathbb{R} \to \,]0,+\infty[\qquad \text{und} \qquad g\colon \,]0,+\infty[\, \to \mathbb{R}$$
$$x \mapsto y = e^x \qquad\qquad y \mapsto z = \tfrac{1}{2}\left(y - \tfrac{1}{y}\right)$$

Die Funktion f mit dieser Zielmenge ist bijektiv: die Umkehrfunktion f^{-1} ist der natürliche Logarithmus. Zum Beweis, dass auch g bijektiv ist, lösen wir die Funktionsgleichung $z = \frac{1}{2}\left(y - \frac{1}{y}\right)$ von g nach y auf:

$$\begin{aligned} z = \tfrac{1}{2}\left(y - \tfrac{1}{y}\right) &\Leftrightarrow 2zy = y^2 - 1 \\ &\Leftrightarrow y^2 - 2zy - 1 = 0 \,. \end{aligned} \tag{Q}$$

Die beiden Lösungen der quadratischen Gleichung (Q) sind:

$$y_1 = \frac{2z + \sqrt{(2z)^2 - 4\cdot(-1)}}{2} = z + \sqrt{z^2+1}\,,$$
$$y_2 = \frac{2z - \sqrt{(2z)^2 - 4\cdot(-1)}}{2} = z - \sqrt{z^2+1}\,.$$

Nun ist aber y_2 stets negativ und liegt damit nicht im Definitionsbereich von g. Folglich besitzt die Funktionsgleichung von g für jede reelle Zahl z genau eine Lösung im Definitionsbereich $]0,+\infty[$ von g, nämlich $y = z + \sqrt{z^2+1}$. Also ist g tatsächlich bijektiv, und ihre Umkehrfunktion $g^{-1}\colon \mathbb{R} \to \,]0,+\infty[$ besitzt die Termdarstellung $z \mapsto y = z + \sqrt{z^2+1}$. Gemäß Satz 2.3 ist die Umkehrfunktion[5] von F gegeben durch

$$F^{-1} = f^{-1} \circ g^{-1}\colon \mathbb{R} \to \mathbb{R}\,;\; z \mapsto x = \ln\left(z + \sqrt{z^2+1}\right).$$

3.3 Äquivalenz- und Ordnungsrelationen

In diesem Abschnitt betrachten wir ausschließlich Relationen, bei denen Quellmenge und Zielmenge zusammenfallen, also Relationen *in* einer Menge A.

Definition Gegeben sei eine Relation R in der Menge A.

1. R heißt **reflexiv**, falls $x\,R\,x$ gilt für alle $x \in A$.
2. R heißt **symmetrisch**, falls aus $x\,R\,y$ stets $y\,R\,x$ folgt.
3. R heißt **transitiv**, falls aus $x\,R\,y$ und $y\,R\,z$ stets $x\,R\,z$ folgt.
4. R heißt **antisymmetrisch** (oder **identitiv**), falls aus $x\,R\,y$ und $y\,R\,x$ stets $x = y$ folgt.
5. R heißt **konnex**, wenn für jedes Paar $(x, y) \in A \times A$ gilt: $x\,R\,y$ oder $y\,R\,x$.

---

[4] Man nennt diese Funktion *Sinus hyperbolicus*, abgekürzt sinh. Bekannter ist die Funktion mit der Termdarstellung $x \mapsto (e^x + e^{-x})/2$, der sogenannte *Cosinus hyperbolicus* (cosh), auch Kettenlinie gennant. Letzere Funktion spielt eine Rolle im Brückenbau.

[5] Die Umkehrfunktion des Sinus hyperbolicus heißt *Area Sinus hyperbolicus*, abgekürzt arsinh.

Bemerkung Eine Relation R in A ist genau dann *antisymmetrisch*, wenn aus $x \neq y$ und $x R y$ stets $\neg(y R x)$ folgt.

Wir illustrieren diese Definitionen anhand von Pfeildiagrammen:

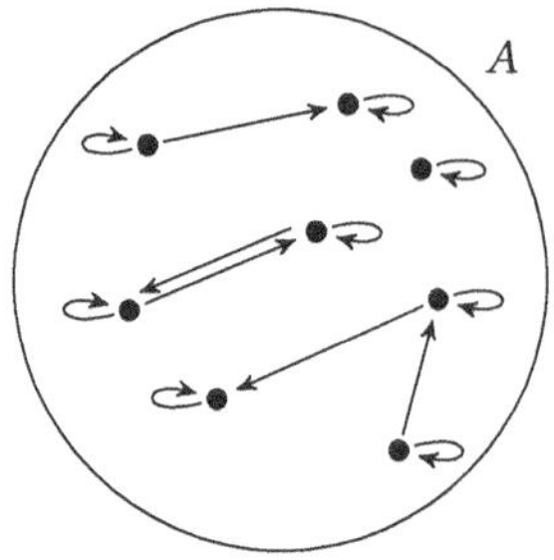

R ist reflexiv

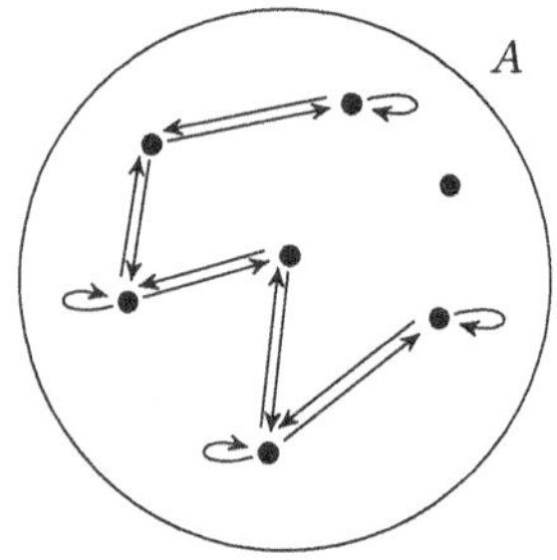

R ist symmetrisch

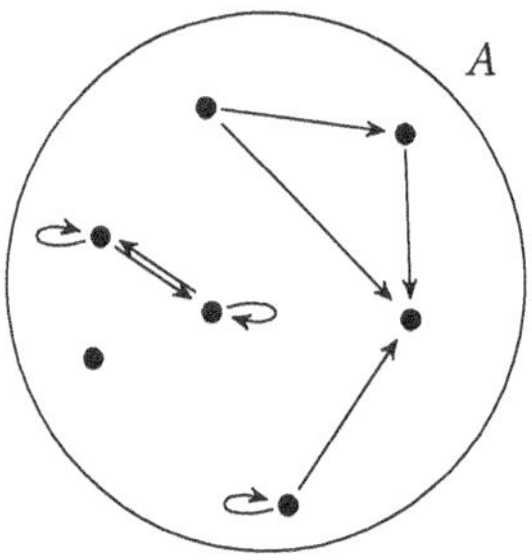

R ist transitiv

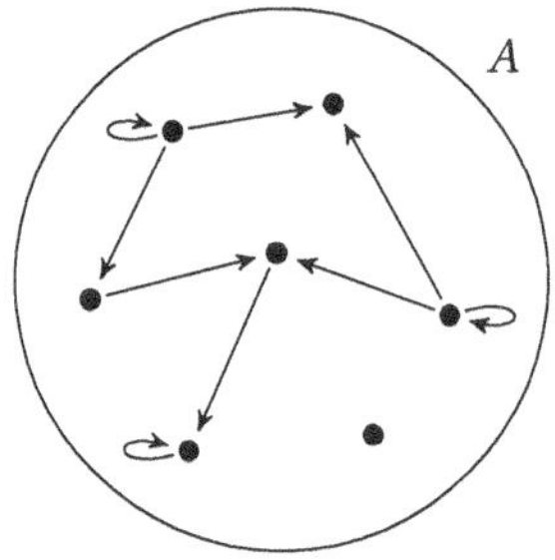

R ist antisymmetrisch

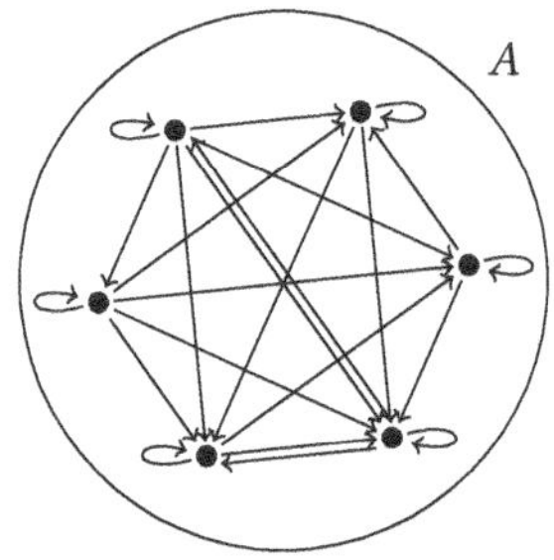

R ist konnex

Als Ergänzung *formalisieren* wir die Definitionen von S. 69:

1. R ist reflexiv $\Leftrightarrow$ $\forall x \in A(x R x)$.
2. R ist symmetrisch $\Leftrightarrow$ $\forall x, y \in A\left(x R y \rightarrow y R x\right)$.
3. R ist transitiv $\Leftrightarrow$ $\forall x, y, z \in A\left(x R y \wedge y R z \rightarrow x R z\right)$.
4. R ist antisymmetrisch $\Leftrightarrow$ $\forall x, y \in A\left(x R y \wedge y R x \rightarrow x = y\right)$,
   $\Leftrightarrow$ $\forall x, y \in A\left(x \neq y \wedge x R y \rightarrow \neg(y R x)\right)$.
5. R ist konnex $\Leftrightarrow$ $\forall x, y \in A\left(x R y \vee y R x\right)$.

Beispiel 1

1. Die *Identität* in irgendeiner Menge A ist *reflexiv, symmetrisch, transitiv* und *antisymmetrisch*. Hat A mindestens zwei Elemente, so ist die Identität *nicht konnex*.
2. Die Relation „$\leq$" in $\mathbb{R}$ ist *reflexiv, transitiv, antisymmetrisch* und *konnex*, aber *nicht symmetrisch*.
3. $x B y$: x ist Bruder von y. Die Relation B ist nicht reflexiv. Im Allgemeinen ist sie auch *nicht symmetrisch* und *nicht transitiv*. Sie ist *weder antisymmetrisch noch konnex*.
4. $x \mid y$: x ist Teiler von y. Die *Teilerrelation* in $\mathbb{N}$ ist *reflexiv, transitiv* und *antisymmetrisch*. Sie ist *weder symmetrisch noch konnex*.

   Begründung: Sind $x, y \in \mathbb{N}$, so gilt $x \mid y$ genau dann, wenn es ein $u \in \mathbb{N}$ gibt mit $x \cdot u = y$.

a) Es gilt $x \mid x$, denn $x \cdot 1 = x$; also ist die Teilerrelation reflexiv.

b) Gilt nun sowohl $x \mid y$ und $y \mid z$, so existieren $u, v \in \mathbb{N}$ mit $x \cdot u = y$ bzw. $y \cdot v = z$. Dann gilt aber $x \cdot (u \cdot v) = (x \cdot u) \cdot v = y \cdot v = z$; d. h., $x \mid z$. Also ist die Teilerrelation auch transitiv.

c) Wird schließlich $x \mid y$ und $y \mid x$ vorausgesetzt, so gibt es $u, v \in \mathbb{N}$ mit $x \cdot u = y$ und $y \cdot v = x$. In diesem Fall gilt $x \cdot (u \cdot v) = (x \cdot u) \cdot v = y \cdot v = x$. Division durch x $(x \neq 0)$ liefert $u \cdot v = 1$. Doch die einzige Lösung dieser Gleichung in $\mathbb{N}$ ist $u = v = 1$. Es folgt $x = y$; also ist die Teilerrelation auch antisymmetrisch.

d) Es ist leicht einzusehen, dass die Teilerrelation weder symmetrisch noch konnex ist.

5. Ist m irgendeine natürliche Zahl mit $m \geq 2$, so wird in der Menge $\mathbb{Z}$ die *Kongruenz modulo m* mit Hilfe der Division mit Rest wie folgt definiert:

   In der elementaren Zahlentheorie wird gezeigt, dass jede ganze Zahl x eindeutig in der Form $x = q \cdot m + r$ mit $0 \leq r < m$ dargestellt werden kann. Die Zahl r heißt dann der Rest von x bei Division durch m. (Es sei z. B. $m = 7$. Dann gilt etwa $55 = 7 \cdot 7 + 6$ oder $-34 = (-5) \cdot 7 + 1$. D. h. bei Division durch 7 hat 55 den Rest 6, und -34 hat den Siebnerrest 1.)

   Man sagt nun x sei **kongruent** y **modulo** m, in Zeichen $x \equiv y \pmod m$ oder $x \equiv_m y$, falls x und y bei Division durch m den gleichen Rest haben. Also gelten etwa $27 \equiv_7 55$, $11 \equiv_2 77$, $-23 \equiv_{13} 16$ usw. Diese Relation nennt man **Kongruenzrelation** mit dem **Modul** m $(m \geq 2)$ oder kürzer **Kongruenz modulo** m.

   Für jeden Modul m ist die Kongruenzrelation *reflexiv, symmetrisch* und *transitiv*:

   a) Nach Definition gilt $x \equiv_m x$ für jedes $x \in \mathbb{Z}$; d. h., die Kongruenz modulo m ist reflexiv.

   b) Offensichtlich folgt aus $x \equiv_m y$ stets auch $y \equiv_m x$. Also ist die Kongruenzrelation symmetrisch.

   c) Schließlich ist die Kongruenz modulo m auch transitiv. Denn für alle $x, y, z \in \mathbb{Z}$ gilt: Haben x und y den gleichen Rest bei Division durch m und gilt dasselbe für y und z, so haben auch x und z den gleichen m-Rest.

   Dass die Relation „$\equiv_m$“ diese Eigenschaften besitzt, rührt daher, dass sie über die Gleichheit definiert ist, und dass die Gleichheit diese Eigenschaft besitzt.

6. Zwei reelle Zahlen a, b sind **fraktionell gleich**, wenn $a - b$ eine ganze Zahl ist. Haben a und b dasselbe Vorzeichen, so bedeutet dies für die Dezimaldarstellung, dass a und b in sämtlichen Nachkommastellen übereinstimmen. Diese Relation ist ebenfalls *reflexiv, symmetrisch* und *transitiv*.

7. Beispiele aus der ebenen Geometrie:

   a) Parallelität von Geraden,

   b) Ähnlichkeit von Dreiecken.

   Beide Relationen sind *reflexiv, symmetrisch* und *transitiv*.

8. Die *Inklusion* als Relation in der Potenzmenge $\mathcal{P}(U)$ einer Menge U ist *reflexiv, transitiv* und *antisymmetrisch*.

Bemerkung

1. Bei Relationen in einer Menge A ist Antisymmetrie nicht das Gegenteil von Symmetrie. Beispielsweise ist die *Identität* sowohl symmetrisch als auch antisymmetrisch. Andererseits ist die Relation „Bruder“ weder symmetrisch noch antisymmetrisch.

2. Die Kombinationen

   R ist *reflexiv*, *symmetrisch* und *transitiv*;

   R ist *reflexiv*, *transitiv* und *antisymmetrisch*

   kommen offenbar häufig vor. Solche Relationen spielen in der Mathematik eine wichtige Rolle. Es ist deshalb gerechtfertigt, dass diese Kombinationen eigene Namen tragen.

Definition Gegeben sei eine Relation R in der Menge A.

1. R heißt **Äquivalenzrelation**, wenn R gleichzeitig *reflexiv*, *transitiv* und *symmetrisch* ist.
2. R heißt **Ordnungsrelation** (oder **Halbordnung**), falls R gleichzeitig *reflexiv*, *transitiv* und *antisymmetrisch* ist.

Beispiel 2

1. Die folgenden Relationen sind *Äquivalenzrelationen*: Die Identität in einer beliebigen Menge, die Kongruenz modulo m, die fraktionelle Gleichheit reeller Zahlen, die Parallelität von Geraden einer Ebene, die Ähnlichkeit von Dreiecken.
2. Die folgenden Relationen sind *Ordnungsrelationen*: die „kleinergleich"-Relation in $\mathbb{R}$, die Teilerrelation in $\mathbb{N}$, die Inklusion als Relation in $\mathcal{P}(U)$.

Äquivalenzrelationen

Durch die im nebenstehenden Diagramm dargestellte Äquivalenzrelation wird die Menge A in disjunkte Teilmengen zerlegt.

Was wir an diesem Beispiel ablesen, ist eine allgemeine Tatsache:

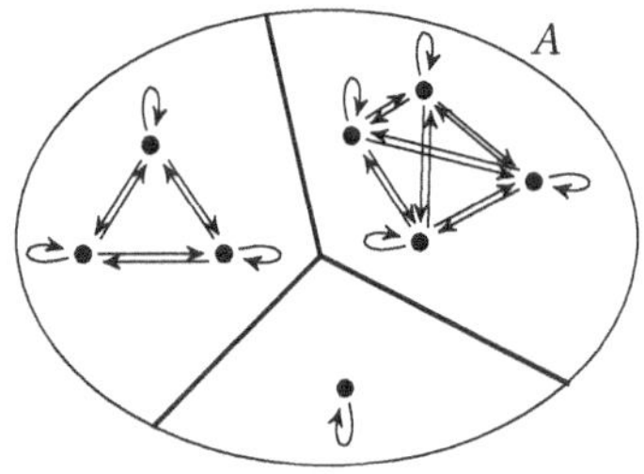

Definition Es sei R eine Äquivalenzrelation in der Menge A. Zwei Elemente $a, b \in A$ heißen **äquivalent** (bzgl. R), falls $a\,R\,b$ gilt. Die Menge

$$[a] := \{x \in A \mid a\,R\,x\}$$

der zu $a \in A$ äquivalenten Elemente nennen wir die **Äquivalenzklasse** oder **Faser** von A bezüglich R mit dem **Repräsentanten** a.

Beispiel 3

1. Wir betrachten die *Identität* auf einer beliebigen Menge A. Dies ist insofern ein Extremfall, als hier jede Äquivalenzklasse nur ein einziges Element enthält.
2. *Kongruenz modulo m*. Wir betrachten den Fall $m = 3$. Nach Definition ist x kongruent y modulo 3 ($x \equiv_3 y$) genau dann, wenn x und y den gleichen Dreierrest haben.

Die Äquivalenzklassen sind folglich die *Restklassen* von $\mathbb{Z}$ bei Division durch 3:

$$\begin{aligned}
[0] &= \{0, \pm3, \pm6, \pm9, \pm12, \dots\} = \{3k \mid k \in \mathbb{Z}\}\,,\\
[1] &= \{\dots, -5, -2, 1, 4, 7, \dots\} = \{3k+1 \mid k \in \mathbb{Z}\}\,,\\
[2] &= \{\dots, -4, -1, 2, 5, 8, \dots\} = \{3k+2 \mid k \in \mathbb{Z}\}\,,\\
\mathbb{Z} &= [0] \cup [1] \cup [2]\,.
\end{aligned}$$

Kehren wir zum allgemeinen Fall zurück.

Satz 4

1. $a \in [a]$ für alle $a \in A$.
2. $a\,R\,b \;\Leftrightarrow\; [a] = [b] \;\Leftrightarrow\; [a] \cap [b] \neq \emptyset$.

■

Beweis

1. $a \in [a]$ gilt nach Definition, da jede Äquivalenzrelation reflexiv ist.
2. Beim Beweis gehen wir wie folgt vor:
   $a\,R\,b \overset{\text{(i)}}{\Rightarrow} [a] = [b] \overset{\text{(ii)}}{\Rightarrow} [a] \cap [b] \neq \emptyset \overset{\text{(iii)}}{\Rightarrow} a\,R\,b.$
   (i) Wegen der Symmetrie von R genügt es zu zeigen, dass aus $a\,R\,b$ die Inklusion $[b] \subseteq [a]$ folgt. Es sei also $x \in [b]$, d. h. $b\,R\,x$. Nach Voraussetzung ist auch $a\,R\,b$ wahr. Mit der Transitivität von R folgt $a\,R\,x$, was bedeutet, dass $x \in [a]$.
   (ii) Gemäß 1. und Voraussetzung ist $a \in [a] = [a] \cap [b]$.
   (iii) Es sei $x \in [a] \cap [b]$. Somit gelten $a\,R\,x$ und $b\,R\,x$. Wegen der Symmetrie von R gilt auch $x\,R\,b$. Da R auch transitiv ist, folgt $a\,R\,b$, wie behauptet. ■

Folgerung

$\neg(a\,R\,b) \;\Leftrightarrow\; [a] \cap [b] = \emptyset.$

■

Es sei R eine beliebige Äquivalenzrelation in einer nichtleeren Menge A. Nach obigem Satz bilden die Äquivalenzklassen von A bzgl. R eine *Familie* (Menge) von nichtleeren Teilmengen von A so, dass jedes Element von A in genau einer Teilmenge liegt. Bezüglich der zugrundeliegenden Menge A nennt man eine solche *Familie* eine **Zerlegung** von A. Als Menge für sich betrachtet, heißt sie **Quotientenmenge** *von A modulo R (nach R)*; sie wird mit A/R bezeichnet. Es ist zu beachten, dass A/R eine Teilmenge von $\mathcal{P}(U)$ ist.

Ordnungsrelationen

Wir erinnern an die *Definition*: Eine Relation R ist eine *Ordnungsrelation*, wenn R *reflexiv*, *transitiv* und *antisymmetrisch* ist.

Für Ordnungsrelationen können anstelle von Pfeildiagrammen **Hasse-Diagramme**[6] verwendet werden.

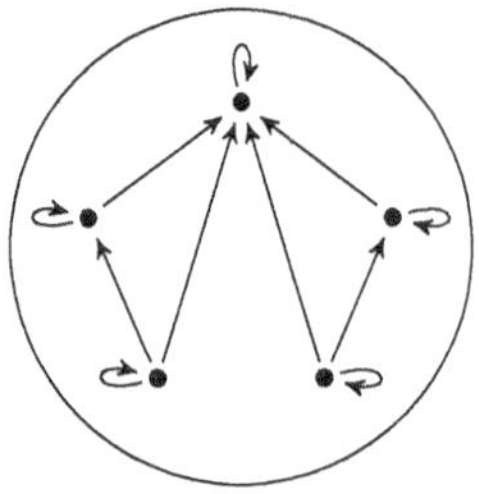

Pfeildiagramm

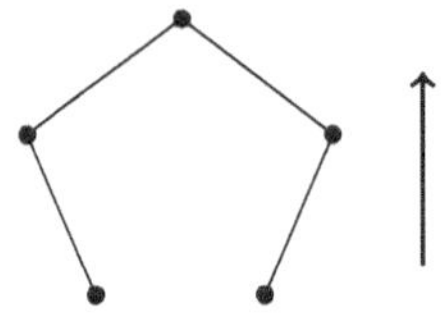

Hasse-Diagramm

Beim Hasse-Diagramm werden Schleifen und zusammengesetzte Pfeile weggelassen. Da sämtliche Pfeile von unten nach oben zeigen, werden auch die Pfeilspitzen weggelassen.

Beispiel 4 Wir betrachten die Inklusion auf der Potenzmenge der Menge $\{1,2,3\}$.

Wie weiter oben erwähnt, ist dies eine Ordnungsrelation.

Beispiel 5 Die Teilerrelation in $\mathbb{N}$ ist eine Ordnungsrelation (vgl. S. 72); sie ist es auch bei Einschränkung auf die Teilermenge $\mathbb{T}(30) = \{1,2,3,5,6,10,15,30\}$.

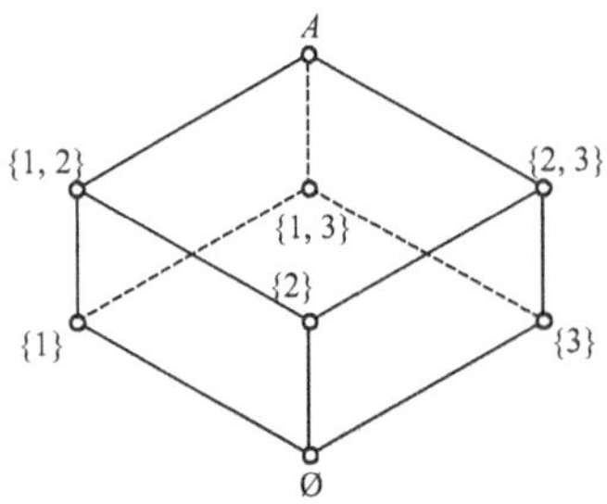

Hasse-Diagramm zu Beispiel 4

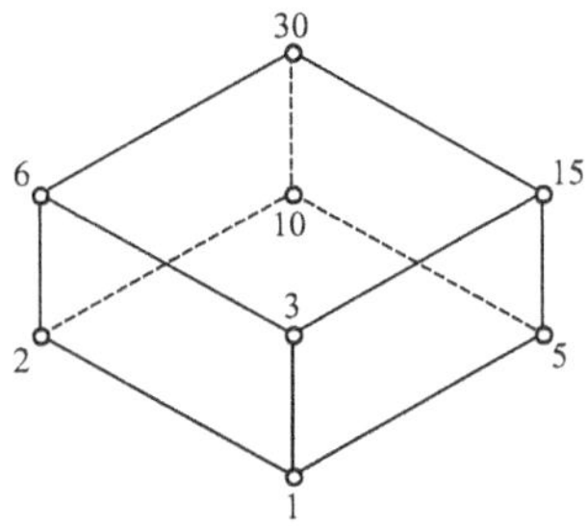

Hasse-Diagramm zu Beispiel 5

Die Halbordnungen der Beispiele 4 und 5 haben *dasselbe Hasse-Diagramm.* Man sagt, sie seien **isomorph**.

Definition Eine Relation R in der Menge A heißt **Totalordnung** (oder **lineare** Ordnung), falls R eine *konnexe* Ordnungsrelation ist. D. h. eine Totalordnung ist *reflexiv, transitiv, antisymmetrisch* und *konnex.*

Beispiel 6 Die durch $x \leq y$ definierte Relation in $\mathbb{N}_0$, $\mathbb{Z}$, $\mathbb{Q}$ oder $\mathbb{R}$ hat diese vier Eigenschaften; „≤“ ist also eine Totalordnung. Ihr Hasse-Diagramm kennen wir als Zahlengeraden.

---

[6] nach dem deutschen Mathematiker Helmut Hasse (1898-1979), der in der algebraischen Zahlentheorie grundlegende Beiträge lieferte.

3.4 Aufgaben zu Relationen und Funktionen

Verwenden Sie für die graphischen Darstellungen die folgende Notation: • Eckpunkt gehört dazu, ∘ Eckpunkt gehört nicht dazu, ——— Randlinie gehört dazu, – – – Randlinie gehört nicht dazu.

1. **Relationen I**

   Gegeben sind die Relationen S, T in $\mathbb{R}$ durch:

   - $xSy :\Leftrightarrow x^2 + (y+1)^2 < 1$
   - $xTy :\Leftrightarrow y \geq (x-1)^2 - 1$

   a) Wie sind die folgenden Relationen definiert?

   i) $S \cap T$ ii) T^{-1} iii) S^{-1} iv) $\overline{T}$

   b) Stellen Sie die Graphen der Relationen $S, T, S \cap T, T^{-1}, S^{-1}$ und $\overline{T}$ je in einem Koordinatensystem dar.

   c) Bestimmen Sie mit Hilfe der Graphen die Definitions- und Wertebereiche der Relationen $S, T, S \cap T, T^{-1}, S^{-1}$ und $\overline{T}$.

2. **Zusammensetzung von Relationen**

   Die Relationen R und S in $\mathbb{R}$ sind wie folgt definiert:

   - $xRy :\Leftrightarrow x^2 = y - 2$
   - $xSy :\Leftrightarrow (x-1)^2 + y^2 = 1$

   a) Geben Sie die Definition der Relationen $S \circ R$, $R \circ S$, R^{-1}, S^{-1} und $(S \circ R)^{-1}$ in möglichst einfacher Form an.

   b) Stellen Sie die Graphen der Relationen $S \circ R$, $R \circ S$, R^{-1}, S^{-1} und $(S \circ R)^{-1}$ je in einem Koordinatensystem dar und bestimmen Sie deren Definitions- und Wertebereiche.

3. **Totalität und Eindeutigkeit**

   Gegeben sind die Mengen $A := \{a, b, c, d\}$ und $B := \{\alpha, \beta, \gamma, \delta, \varepsilon\}$.
   (Dabei sind die angegebenen Elemente von A und von B je paarweise verschieden.)
   Die Relation R mit der Grundmenge $A \times B$ ist gegeben durch

   $$aR\alpha, \quad bR\gamma, \quad cR\varepsilon, \quad dR\beta,$$

   die Relation S mit der Grundmenge $B \times A$ durch

   $$\alpha Sb, \quad \beta Sd, \quad \gamma Sc, \quad \delta Sb, \quad \varepsilon Sa.$$

   Entscheiden Sie bei jeder der folgenden Aussagen, ob sie wahr oder falsch ist:

   a) R ist linkstotal
   b) R ist rechtstotal
   c) R ist linkseindeutig
   d) R ist rechtseindeutig
   e) S ist linkstotal
   f) S ist rechtstotal
   g) S ist linkseindeutig
   h) S ist rechtseindeutig
   i) $R \circ S$ ist linkstotal
   j) $R \circ S$ ist rechtstotal
   k) $R \circ S$ ist linkseindeutig
   l) $R \circ S$ ist rechtseindeutig

   Hinweis: Stellen Sie die Relationen R, S und $R \circ S$ je in einem Pfeildiagramm dar.

4. **Totalität und Eindeutigkeit**
Wir betrachten die Relationen R und S in $\mathbb{R}$, gegeben durch
- $xRy :\Leftrightarrow \left|2x^2-1\right| = y+1$
- $xTy :\Leftrightarrow x^2-4x+y^2+2y \leq -1$

a) Stellen Sie die Graphen dieser Relationen je in einem Koordinatensystem dar und bestimmen Sie die Definitions- und Wertebereiche.

b) Überprüfen Sie, ob die Relationen R und S linkstotal, rechtstotal, linkseindeutig oder rechtseindeutig sind.

5. **Injektivität und Surjektivität I**
Gegeben sind die Mengen $A := \{a, b, c, d, e\}$ und $B := \{f, g, h, i, j, k\}$.
(Dabei sind die angegebenen Elemente von A und von B je paarweise verschieden.)
Die Funktionen $\varphi\colon A \to B$ und $\psi\colon B \to A$ sind definiert durch

$$\varphi(a) = g, \quad \varphi(b) = f, \quad \varphi(c) = h, \quad \varphi(d) = k, \quad \varphi(e) = i;$$
$$\psi(f) = b, \quad \psi(g) = d, \quad .\psi(h) = a, \quad \psi(i) = e, \quad \psi(j) = d, \quad \psi(k) = c.$$

Stellen Sie die Funktionen φ, ψ und $\varphi \circ \psi$ als Pfeildiagramme dar und überprüfen Sie bei jeder der folgenden Aussagen, ob sie wahr oder falsch ist.

a) φ ist injektiv.
b) φ ist surjektiv.
c) φ ist bijektiv.
d) ψ ist injektiv.
e) ψ ist surjektiv.
f) ψ ist bijektiv.
g) $\varphi \circ \psi$ ist injektiv.
h) $\varphi \circ \psi$ ist surjektiv.
i) $\varphi \circ \psi$ ist bijektiv.

6. **Injektivität und Surjektivität II**

a) Überprüfen Sie, ob die folgenden Funktionen injektiv oder surjektiv sind und beweisen Sie Ihre Vermutung formal:
   i. $f_1\colon \mathbb{R} \to \mathbb{R}, \quad x \mapsto 2x+3$
   ii. $f_2\colon \mathbb{R}\setminus\{5\} \to \mathbb{R}, \quad x \mapsto \frac{2x-5}{x-5}$

b) Zeigen Sie anhand eines Gegenbeispiels, dass die Funktionen
   i. $g_1\colon \mathbb{R} \to \mathbb{R}; \quad x \mapsto |x+2|$
   ii. $g_2\colon \mathbb{R} \to \mathbb{R}; \quad x \mapsto (x-1)^2+1$

   weder injektiv noch surjektiv sind.

c) Sei $h\colon \mathbb{R} \to \mathbb{R}, \quad x \mapsto 3x-4$
   i. Zeigen Sie, dass h bijektiv ist.
   ii. Bestimmen Sie die Funktionsgleichung von h^{-1}.

d) Bestimmen Sie reelle Zahlen α und β derart, dass die Funktion φ bijektiv ist:

$$\varphi\colon \mathbb{R}\setminus\{\alpha\} \to \mathbb{R}\setminus\{\beta\}; \quad x \mapsto \frac{-2x+5}{3x-4}$$

7. **Komposition von Funktionen I**
Bestimmen Sie jeweils für die folgenden Funktionen f und g den Definitionsbereich, die Zielmenge und die Funktionsgleichung der Komposition $f \circ g$.

a) $f\colon [-2,1[\to]-\infty,-1]; \quad x \mapsto \frac{3}{x-1}$ und $g\colon [0,1[\to [-2,1[; \quad x \mapsto 3x^2-2$.

b) $f\colon [0,1[\,\to [0,+\infty[;\quad x \mapsto \frac{x}{\sqrt{1-x^2}}$ und $g\colon [0,\frac{\pi}{2}[\,\to [0,1[;\quad x \mapsto \sin(x)$.

c) $f\colon]1,+\infty[\,\to\,]-\infty,2[;\quad x \mapsto \frac{2x-5}{x-1}$ und $g\colon]4,+\infty[\,\to\,]1,+\infty[;\quad x \mapsto \frac{x+3}{x-4}$.

8. **Zusammensetzung von Funktionen II**
Gegeben sind zwei beliebige Abbildungen (Funktionen) $f\colon A \to B$ und $g\colon B \to C$. Entscheiden Sie für jede der folgenden Aussagen, ob sie wahr oder falsch ist und begründen Sie Ihre Antwort.
   a) Sind f und g injektiv, so ist auch $g \circ f$ injektiv.
   b) Ist f injektiv, so ist auch $g \circ f$ injektiv.
   c) Ist g injektiv, so ist auch $g \circ f$ injektiv.
   d) sind f und g surjektiv, so ist auch $g \circ f$ surjektiv.
   e) Ist f surjektiv, so ist auch $g \circ f$ surjektiv.
   f) Ist g surjektiv, so ist auch $g \circ f$ surjektiv.

9. **Umkehrfunktion**
Gegeben sind die folgenden *bijektiven* Funktionen.
   a) $f\colon \mathbb{R} \to \mathbb{R};\quad x \mapsto -2x+3$
   b) $g\colon \mathbb{R}\setminus\{2\} \to \mathbb{R}\setminus\{0\};\quad x \mapsto \frac{1}{x-2}$
   c) $h\colon [4,+\infty[\,\to [5,+\infty[;\quad x \mapsto 3(x-4)^2+5$

   Bestimmen Sie ihre inversen Funktionen f^{-1}, g^{-1} und h^{-1}.

10. **Komposition von Funktionen und Umkehrfunktion**
In dieser Aufgabe geht es darum, die Sätze 1 bis 3 auf S. 67–68 zu vertiefen und anzuwenden.
   a) Sei $f\colon [0,\infty[\,\to [3,\infty[:\quad x \mapsto x^2+3$.
      i. Zeigen Sie, dass f eine bijektive Funktion ist und bestimmen Sie den Definitions- und Wertebereich und die Funktionsgleichung von f^{-1}.
      ii. Bestimmen Sie $f \circ f^{-1}$ und $f^{-1} \circ f$ ohne den Satz 2, (S. 67) anzuwenden.
   b) Seien

      $f\colon \mathbb{R}\setminus\{-2\} \to \mathbb{R}\setminus\{2\};\quad x \mapsto \frac{2x-1}{x+2}$ und

      $g\colon \mathbb{R}\setminus\{2\} \to \mathbb{R}\setminus\{-2\};\quad x \mapsto \frac{2x+1}{2-x}$ Funktionen.

      Zeigen Sie mit Hilfe von Satz 3, S. 66, dass $g = f^{-1}$ gilt.
   c) Die Funktionen

      $f\colon]2,\infty[\,\to\,]3,\infty[;\quad x \mapsto \frac{3x-1}{x-2}$ und

      $g\colon]0,\infty]\,\to\,]2,\infty[;\quad x \mapsto 2x^2+2$ sind bijektiv mit

      $f^{-1}\colon]3,\infty[\,\to\,]2,\infty[;\quad x \mapsto \frac{2x-1}{x-3}$ und

      $g^{-1}\colon]2,\infty[\,\to\,]0,\infty[;\quad x \mapsto \sqrt{\frac{x-2}{2}}$.

      Geben Sie Definitions- und Wertebereich der Funktion $(f \circ g)^{-1}$ an und bestimmen Sie ihre Funktionsgleichung mit Hilfe von Satz 2 (S. 67).

11. **Komposition von Funktionen**
Wir betrachten die Funktion $j\colon [1,\infty[\; \to [0,\infty[\,; x \mapsto y = \sqrt{x^2-1}$.
   a) Schreiben Sie j als Zusammensetzung zweier Funktionen f und g und geben Sie deren Definitions- und Wertebereiche an.
   b) Beweisen Sie, dass f und g bijektiv sind. Geben Sie die inverse Funktion von f und die inverse Funktion von g an.
   c) Begründen Sie, weshalb j bijektiv ist, und ermitteln Sie die Umkehrfunktion j^{-1} mit Hilfe von Satz 2 (S. 67).

12. **Stückweise lineare Funktionen; Optimierung**
An einer Landstraße befinden sich die Lastwagen-Depots A, B, C, D und E einer Transportfirma. Die Zahlenangaben sind die Distanzen von A in km. Die Firma plant, an derselben Straße eine Tankstelle für ihre Lastwagen in Betrieb zu nehmen.

Wie viele Kilometer von A entfernt wird die Firma die Tankstelle errichten, wenn die Summe der von den Lastwagen zurückgelegten Kilometer zwischen Depots und Tankstelle minimal sein soll?
   a) wenn es in jedem Depot gleich viele Lastwagen hat;
   b) wenn es je 5 Lastwagen in A und E, 3 in B, 4 in C und 8 Lastwagen in D hat.

13. **Äquivalenz- und Ordnungsrelationen I**
Wir betrachten die Menge $M = \{a, b, c, d\}$, wobei die Elemente a, b, c, d als paarweise verschieden angenommen werden.
   a) Die Relationen S und T in der Menge M sind durch ihre Graphen gegeben:
      - $\mathbb{G}_S = \{(a,a),(b,b),(a,b),(b,c),(a,c),(d,b),(d,c),(c,d)\}$
      - $\mathbb{G}_T = \{(a,a),(b,b),(c,c),(d,d),(b,d),(d,b)\}$

      Überprüfen Sie, ob diese Relationen reflexiv, symmetrisch, antisymmetrisch, transitiv bzw. konnex sind.
      (*Hinweis:* Stellen Sie die Relationen als Pfeildiagramme dar.)
   b) Geben Sie in Form eines Pfeildiagramms je ein Beispiel einer Relation R in M an, welche die folgenden Eigenschaften hat.
      i. R ist reflexiv, antisymmetrisch und konnex, aber nicht symmetrisch und nicht transitiv.
      ii. R ist reflexiv, transitiv und konnex, aber nicht symmetrisch und nicht antisymmetrisch.

14. **Äquivalenz- und Ordnungsrelationen II**
Wir betrachten die Relationen R, S und T in $\mathbb{R}$, die gegeben sind durch:
   - $xRy \;:\Leftrightarrow\; |x-y| = 2$
   - $xSy \;:\Leftrightarrow\; (x-y)^2 = 0$
   - $xTy \;:\Leftrightarrow\; \exists n \in \mathbb{N}\,(x^n = y)$

a) Entscheiden Sie, ob die Relation R reflexiv, symmetrisch, antisymmetrisch, transitiv oder konnex ist.
b) Beweisen Sie, dass die Relation S eine Äquivalenzrelation ist.
c) Beweisen Sie, dass die Relation T eine Ordnungsrelation ist.

15. **Äquivalenzrelationen I**
Wir betrachten die Relation R in $\mathbb{Z}$, welche gegeben ist durch

$$aRb \quad :\Leftrightarrow \quad 7 \mid (a-b).$$

a) Beweisen Sie, dass R eine Äquivalenzrelation ist.
b) Geben Sie die Äquivalenzklasse $[6]$ in aufzählender Form an.
c) Beschreiben Sie die Menge $\{7k+2 \mid k \in \mathbb{Z}\}$ als Äquivalenzklasse.
d) Entscheiden Sie bei jeder der folgenden Aussagen, ob sie wahr oder falsch ist:

i. $15 \in [1]$ ii. $100 \in [3]$ iii. $-2 \in [5]$ iv. $-12 \in [-1]$

16. **Äquivalenzrelationen II**
Wir definieren in $\mathbb{R} \times \mathbb{R}$ folgende Relation:

$$(a,b)R(c,d) \quad :\Leftrightarrow \quad a^2+b^2=c^2+d^2.$$

a) Beweisen Sie, dass R eine Äquivalenzrelation ist.
b) Beweisen Sie, dass: Sei $n \in \mathbb{Z}$. Falls gilt $(a,b)R(1,0)$, dann gilt $(a \cdot n, b \cdot n)R(n,0)$.
c) Stellen Sie die Äquivalenzklasse $[(1,0)]$ und $\left[\left(\sqrt{2},\sqrt{2}\right)\right]$ in einem Cartesischen Koordinatensystem dar.

17. **Ordnungsrelationen**
a) Wir betrachten die Teilerrelation $x \mid y$ in verschiedenen Teilmengen von $\mathbb{N}$.
   i. Zeichnen Sie je ein Hasse-Diagramm für die Teilerrelation in den Mengen $\mathbb{T}(1000)$ und $\mathbb{T}(504)$.
   ii. Für welche Zahlen $a \in \mathbb{N}$ ist die Teilerrelation in $\mathbb{T}(a)$ eine Totalordnung?
b) Warum ist die Teilerrelation in $\mathbb{Z}$ keine Ordnungsrelation?

4 Aufbau des Zahlbegriffs

Bisher haben wir *Zahlen* und *Zahlmengen als Beispiele* betrachtet, mit deren Hilfe wir die Grundbegriffe illustrieren konnten. Umgekehrt wollen wir jetzt die in den ersten drei Kapiteln bereitgestellten Grundbegriffe für einen *systematischen Aufbau des Zahlbegriffs* verwenden.

Wir beginnen dabei mit der Menge $\mathbb{N}_0$ der natürlichen Zahlen und werden diese dann zur Menge der ganzen Zahlen $\mathbb{Z}$ und anschließend zur Menge $\mathbb{Q}$ der rationalen Zahlen erweitern. Der Übergang von der Menge $\mathbb{Q}$ zur Menge $\mathbb{R}$ der reellen Zahlen ist von einer völlig anderen Natur und wird hier nicht behandelt.

4.1 Natürliche Zahlen: Induktion und Rekursion

Das Fundament für dieses Kapitel ist das sorgfältige Studium der Menge $\mathbb{N}_0$ der natürlichen Zahlen. Aus wenigen unbewiesenen Grundtatsachen (sog. **Axiomen**) über die Menge $\mathbb{N}_0$ können die Prinzipien von Induktion und Rekursion hergeleitet werden.

Bei der Formulierung der Grundtatsachen lassen wir uns, zumindest teilweise, von der Anschauung leiten:

I. 0 ist eine natürliche Zahl.

II. Jede natürliche Zahl n hat genau einen (unmittelbaren) Nachfolger n'.

III. 0 ist nicht Nachfolger einer natürlichen Zahl.

IV. Jede natürliche Zahl ist höchstens Nachfolger einer Zahl, d. h. aus $n' = m'$ folgt $n = m$.

V. Jede Menge von natürlichen Zahlen, welche die Zahl 0 enthält und mit jeder Zahl n auch deren Nachfolger n', enthält alle natürlichen Zahlen.

Diese fünf Postulate bilden die moderne Fassung des Systems der **Peano-Axiome**, benannt nach Giuseppe Peano[1].

Bild 4.1 Giuseppe Peano

Durch die Zuordnung $n \mapsto n'$ ist in $\mathbb{N}_0$ eine Funktion definiert; wir nennen sie die **Nachfolgerfunktion** und bezeichnen sie mit s (englisch: successor). Mit dieser Notation können die Peano-Axiome auch wie folgt formuliert werden [E⁺92, S. 13].

Die **natürlichen Zahlen** bilden eine Menge $\mathbb{N}_0$ mit einem ausgezeichneten *Element* $0 \in \mathbb{N}_0$ und einer Funktion $s\colon \mathbb{N}_0 \to \mathbb{N}_0$, sodass die folgenden Axiome erfüllt sind:

(S1) Die Funktion s ist injektiv.

(S2) Die natürliche Zahl 0 ist nicht im Wertebereich von s.

(S3) Ist M eine Teilmenge von $\mathbb{N}_0$ mit $0 \in M$ und $s(n) \in M$ für alle $n \in M$, so gilt $M = \mathbb{N}_0$.

■

Bemerkung

1. Das Axiom (S2) entspricht der Grundtatsache III.
2. Das Axiom (S1) entspricht der Grundtatsache IV; die Relation zwischen der Zahl n und ihrer Nachfolgerzahl n' ist linkseindeutig.
3. Die Menge $\mathbb{N}$ erfüllt ebenfalls die Peano-Axiome (mit 1 anstelle von 0). Die Theorie der Menge $\mathbb{N}$ kann deshalb völlig analog aufgebaut werden.
4. Das Axiom (S3) kann auch so formuliert werden:

   (S3') Aus $M \subseteq \mathbb{N}_0$, $0 \in M$ und $s(M) \subseteq M$ folgt stets $M = \mathbb{N}_0$.

Folgerung
Jede Zahl $n \in \mathbb{N}_0$ mit $n \neq 0$ ist ein Nachfolger:

$$s(\mathbb{N}_0) \cup \{0\} = \mathbb{N}_0.$$

■

Beweis $M = s(\mathbb{N}_0) \cup \{0\}$ erfüllt die Prämissen von (S3). ■

[1] Giuseppe Peano (1858–1932), italienischer Mathematiker und Sprachwissenschaftler. Neben den Peano-Axiomen ist auch die Peano-Kurve berühmt geworden.

Bemerkung Für den Rest dieses Abschnittes handeln wir gleich wie in den ersten drei Kapiteln, indem wir alle vorkommenden Operationen und Relationen als gegeben annehmen und uns auch erlauben $\mathbb{Q}$ oder $\mathbb{R}$ als Grundmenge zu nehmen. Insbesondere werden wir $n+1$ anstelle von $s(n)$ schreiben.

Wie wir zeigen werden, ist das Axiom (S3) nichts Anderes als die mengentheoretische Formulierung des **Prinzips der vollständigen Induktion** (abgekürzt: **PVI**). Dieses lautet:

Satz 1 (PVI)
Für jede prädikatlogische Aussageform $\varphi(n)$ mit der Grundmenge $\mathbb{N}_0$ gilt: Ist $\varphi(0)$ wahr und ist die Subjunktion $\varphi(n) \to \varphi(n+1)$ allgemeingültig, so ist auch $\varphi(n)$ allgemeingültig in $\mathbb{N}_0$.

Formal:
Aus $\varphi(0) \wedge \forall n \in \mathbb{N}_0 \left(\varphi(n) \to \varphi(n+1)\right)$ folgt stets $\forall n \in \mathbb{N}_0 \left(\varphi(n)\right)$. ■

Beweis Herleitung des (PVI) aus (S3):
Es genügt den Fall zu betrachten, dass beide Prämissen wahr sind. Anders ausgedrückt, nehmen wir also an, dass

1. $0 \in \mathbb{L}_\varphi$ und
2. $\forall n \in \mathbb{N}_0 \left(n \in \mathbb{L}_\varphi \to n+1 \in \mathbb{L}_\varphi\right)$.

Dann sind aber die Voraussetzungen von (S3) für $M = \mathbb{L}_\varphi$ erfüllt. Folglich ist $\mathbb{L}_\varphi = \mathbb{N}_0$ oder, anders ausgedrückt, $\varphi(n)$ ist allgemeingültig in $\mathbb{N}_0$. ■

Deduktion und Induktion

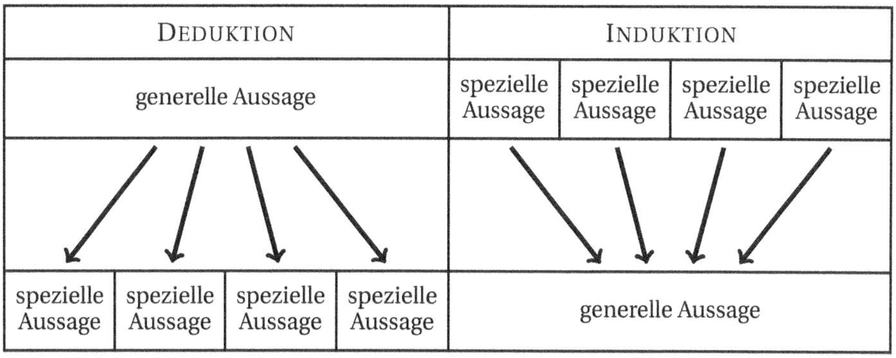

Unter **Deduktion** versteht man den Schluss von einer generellen Aussage auf eine spezielle Aussage. Ein solcher Schluss hat die Form

$$\forall x \left(\varphi(x)\right) \to \varphi(c)$$

und ist stets korrekt. Dabei ist c eine Konstante in der Grundmenge von $\varphi(x)$.

Beispiel 1 „Alle Lehrpersonen sind zuverlässig" (generelle Aussage).
„Emil ist Lehrer. Also ist Emil zuverlässig."
Hier handelt es sich offensichtlich um eine Deduktion.

Induktion bedeutet den „Schluss“ von einer oder mehreren speziellen Aussagen auf eine generelle Aussage. Ein solches Finden oder Erfinden von Formeln enthält ein *kreatives* Moment, führt aber nicht immer zu allgemeingültigen Aussageformen (vgl. Bsp. 3, S. 87). Im Fall der Grundmenge $\mathbb{N}_0$ ist die *vollständige* Induktion ein Prüfstein, mit dem entschieden werden kann, ob die fragliche generelle Aussage auch tatsächlich wahr ist.

In Beweisen mittels vollständiger Induktion werden wir die folgenden Bezeichnungen verwenden:

1) Unter der **Verankerung** versteht man den Nachweis, dass $\varphi(0)$ wahr ist.
2) Mit **Induktionsschritt** benennt man den Nachweis, dass die Subjunktion $\varphi(n) \to \varphi(n+1)$ in $\mathbb{N}_0$ allgemeingültig ist.
3) Dabei ist die **Induktionsannahme** die Voraussetzung dafür, dass $\varphi(n)$ für eine feste, aber beliebige Zahl $n \in \mathbb{N}_0$ wahr ist.

Beispiel 2 Wir betrachten fortlaufende Summen gerader Zahlen:

$$\begin{aligned} 0 &= \quad 0 = 0 \cdot 1 \\ 0+2 &= \quad 2 = 1 \cdot 2 \\ 0+2+4 &= \quad 6 = 2 \cdot 3 \\ 0+2+4+6 &= 12 = 3 \cdot 4 \end{aligned}$$

und schließen mittels Induktion auf das folgende Muster

$$\varphi(n): \quad \sum_{k=0}^{n} 2k = 2\cdot 0 + 2\cdot 1 + 2\cdot 2 + \cdots + 2n = n(n+1)\,.$$

Diese Aussageform besitzt nur n als freie Variable. Die Variable k ist durch das Summenzeichen gebunden. Wir beweisen die Allgemeingültigkeit von $\varphi(n)$ in $\mathbb{N}_0$ mittels (PVI):

a) *Verankerung*: $\varphi(0)$ bedeutet, dass $\sum_{k=0}^{0} 2k = 2\cdot 0 = 0\cdot 1$, ist also wahr.

b) *Induktionsschritt*:

- *Induktionsannahme*: Wir nehmen an, dass $\varphi(n)$ wahr sei für ein festes, aber beliebiges $n \in \mathbb{N}_0$.
- Wir haben zu zeigen, dass dann auch $\varphi(n+1)$ wahr ist. Man beachte, dass die zu beweisende Aussage $\varphi(n+1)$ wie folgt lautet:

$$\varphi(n+1): \quad \sum_{k=0}^{n+1} 2k = (n+1)(n+2)\,.$$

Wir beginnen auf der linken Seite dieser Gleichung. Es gilt

$$\sum_{k=0}^{n+1} 2k = \left(\sum_{k=0}^{n} 2k\right) + 2(n+1)\,.$$

Wir setzen nun die Induktionsannahme ein, und es ergibt sich

$$\sum_{k=0}^{n+1} 2k = \sum_{k=0}^{n} 2k + 2(n+1) = n\cdot(n+1) + 2(n+1) = (n+1)(n+2)\,.$$

Also sind die Prämissen für das PVI erfüllt. Folglich ist die Behauptung wahr. ■

Die Weizenkorn-Legende

„Der indische Weise *Sissa ibn Dahir* schaute lange mit an, wie sein Herrscher *Shihram* seine Untertanen tyrannisierte. Um zu beweisen, wie wichtig Untertanen für einen Herrscher sind, erfand er das *Schachspiel*. Der Tyrann begriff sofort, liess das Schachspiel daraufhin verbreiten und war von nun an milder zu seinen Untergebenen. Aus Dankbarkeit für dieses erfundene Spiel gewährte er Sissa darauf einen freien Wunsch. Der listige Weise aber wünschte sich als Belohnung wie folgt Weizen: Auf das erste Feld des Schachbrettes ein Korn, auf das zweite Feld zwei Körner, auf das dritte Feld vier Körner, usw. – also immer die doppelte Anzahl. Seinen Wunsch gewährte ihm der Herrscher in der Annahme, die gewünschten Weizenkörner aufbringen zu können. Bald verkündete aber der Vorsteher seiner Kornkammer, dass es so viele Weizenkörner nicht gebe.“ [Leg]

Bild 4.2 Schachspiel

Im Jahr 1202 erschien Leonardo Fibonaccis[2] richtungsweisendes Werk *Liber abaci*. Darin wird die Legende zwar nicht ausgeführt. Aber die Anzahl der Getreidekörner wird berechnet, nämlich auf

$$18'446'744'073'709'551'615.$$

Wir übersetzen einen Abschnitt aus dem Katalog zur Ausstellung „Un ponte sul Mediterraneo“, welche 2002 zum 800. Geburtstag des „Liber abaci“ in Pisa stattfand [GP02]:

> „Eine so große Zahl sagt nichts aus, und es fällt schwer, sich eine Vorstellung ihrer Größe zu machen; denn wenn man sie schriftlich betrachtet, erscheint sie nicht so erschreckend groß. Um dem Leser eine Vorstellung zu vermitteln, führt Leonardo eine Reihe von wachsenden Größenordnungen ein. Nehmen wir an – sagt er –, dass die Zahlen so viele Byzantiner darstellen (ein Byzantiner ist eine kaiserliche Goldmünze); die ersten beiden Zeilen des Schachbretts ergeben

[2] Leonardo da Pisa, genannt „Fibonacci“ (ca. 1170–1250), Mathematiker und Kaufmann aus Pisa. Er propagierte in seinem Werk „Liber abaci“ (Buch der Rechenkunst) das indisch-arabische Stellenwertsystem und die darauf beruhenden Algorithmen. Berühmt geworden ist er durch die *Fibonacci-Folge* (s. weiter unten).

65'536 Byzantiner und füllen eine Truhe. Bei der dritten Zeile beginnen wir wieder mit 2, 4, 8, ... Truhen, bis das Ende der vierten Zeile 65'536 Truhen gefüllt hat, was ein Haus ergibt. Die fünfte und sechste Zeile ergeben dann 65'536 Häuser, eine Stadt; und schließlich ergeben die letzten beiden Zeilen die Anzahl von 65'536 Städten. Wenn wir mit einem Byzantiner beginnen, besteht das gesamte Schachbrett aus 65'536 Städten, von denen jede aus 65'536 Häusern besteht, die wiederum 65'536 Truhen mit je 65'536 Byzantinern enthalten.

Leonardo macht eine ähnliche Rechnung mit Weizenkörnern: Wie viele Schiffe könnten gefüllt werden, wenn jedes von ihnen 500 pisanische Metzen mit einem Gewicht von je 24 Sester transportieren würde, wobei ein Sester aus 140 Pfund mit einem Gewicht von je 12 Unzen besteht, die ihrerseits je 25 Denare wert sind, die wiederum aus 24 Weizenkörnern bestehen? Das Ergebnis ist erstaunlich, sogar noch erstaunlicher als das der Städte:

1'525'028'445 Schiffe

würden beladen werden, also mehr als anderthalb Milliarden; *eine Zahl*, sagt Leonardo, *die offensichtlich unzählbar und beinahe unendlich ist.*"

■

Die in der Weizenkorn-Legende von Sissa gewünschte Anzahl Körner ist eine Summe. Sie ist von der Form

$$1+2+4+8+\cdots$$

und hat 64 Summanden. Da alle Summanden Zweierpotenzen sind, lässt sich die Summe offenbar schreiben als

$$2^0+2^1+2^2+2^3+\cdots+2^{63}$$

oder, in abgekürzter Form:

$$\sum_{k=0}^{63} 2^k .$$

Wir wollen die Aufgabenstellung gleich etwas verallgemeinern und suchen eine geschlossene Form für die Summe $\sum_{k=0}^{n} 2^k$. Dies hat den Vorteil, dass wir dabei induktiv vorgehen und zunächst kleine Werte von n ins Auge fassen können. Für $n = 0,1,2,3$ erhalten wir

$$\sum_{k=0}^{0} 2^k = 1, \quad \sum_{k=0}^{1} 2^k = 3, \quad \sum_{k=0}^{2} 2^k = 7, \quad \sum_{k=0}^{3} 2^k = 15 .$$

Wir bemerken, dass die rechten Seiten stets um 1 kleiner sind als die erste, auf der linken Seite noch nicht erfasste Zweierpotenz. In Formeln:

$$\sum_{k=0}^{0} 2^k = 2^1-1, \quad \sum_{k=0}^{1} 2^k = 2^2-1, \quad \sum_{k=0}^{2} 2^k = 2^3-1, \quad \sum_{k=0}^{3} 2^k = 2^4-1 .$$

Mittels Induktion „schließen" wir auf die Aussageform

$$\varphi(n): \quad \sum_{k=0}^{n} 2^k = 2^{n+1}-1$$

und vermuten deren Allgemeingültigkeit. Bestimmen wir das Resultat für $n = 63$. Der Taschenrechner liefert

$$2^{64} - 1 \approx 1.844'674'407 \cdot 10^{19} .$$

Der Vergleich mit Fibonaccis Berechnung zeigt, dass wir auf gutem Wege sind.

Mit vollständiger Induktion beweisen wir, dass die Aussageform $\varphi(n)$ allgemeingültig ist in $\mathbb{N}_0$.

a) *Verankerung*: $\varphi(0)$ bedeutet $\sum_{k=0}^{0} 2^k = 2^{0+1} - 1$, eine wahre Aussage, denn beide Seiten der Gleichung ergeben den Wert 1.

b) *Induktionsschritt*: Wir nehmen an, $\varphi(n)$ sei wahr für ein beliebiges, aber festes n. Zu beweisen ist, dass dann auch $\varphi(n+1)$ wahr ist. Wir beginnen auf der linken Seite dieser Gleichung. Zunächst gilt

$$\sum_{k=0}^{n+1} 2^k = \left(\sum_{k=0}^{n} 2^k \right) + 2^{n+1} .$$

Mit der Induktionsannahme folgt nun

$$\left(\sum_{k=0}^{n} 2^k \right) + 2^{n+1} = \left(2^{n+1} - 1\right) + 2^{n+1} ,$$

und algebraisches Umformen liefert

$$\left(2^{n+1} - 1\right) + 2^{n+1} = 2 \cdot 2^{n+1} - 1 = 2^{n+2} - 1$$

und somit, wie behauptet,

$$\sum_{k=0}^{n+1} 2^k = 2^{n+2} - 1 .$$

Also ist die Formel $\sum_{k=0}^{n} 2^k = 2^{n+1} - 1$ tatsächlich allgemeingültig in $\mathbb{N}_0$. ■

Beispiel 3 Wir betrachten den Term $n^2 + n + 41$ für beliebige $n \in \mathbb{N}_0$ und erstellen zunächst eine Wertetabelle:

n	0	1	2	3	4	5	6	7	8	9	…
$n^2 + n + 41$	41	43	47	53	61	71	83	97	113	131	…

Wir bemerken, dass alle bis jetzt berechneten Werte Primzahlen sind! Ist dies wohl immer so? Ist die Aussageform „die Zahl $n^2 + n + 41$ ist eine Primzahl" allgemeingültig?

Wir untersuchen diese Frage mit Hilfe des (PVI):

a) *Verankerung*: Wie schon festgestellt ist 41 eine Primzahl.

b) *Induktionsschritt*: Wir nehmen an, dass $n^2 + n + 41$ für eine feste, aber beliebige Zahl $n \in \mathbb{N}_0$ eine Primzahl sei, und müssten zeigen, dass auch $(n+1)^2 + (n+1) + 41$ prim ist. Nun haben wir

$$\begin{aligned}(n+1)^2 + (n+1) + 41 &= \left(n^2 + 2n + 1\right) + (n+1) + 41 \\ &= \left(n^2 + n + 41\right) + (2n + 2) .\end{aligned}$$

Man ahnt, dass daraus kein allgemeiner Schluss gezogen werden kann. In der Tat stellt sich heraus, dass die Vermutung falsch ist. Setzen wir beispielsweise $n = 40$ ein, so erhalten wir $40^2 + 40 + 41 = 40 \cdot 41 + 41 = 41^2$, also keine Primzahl.

Die in den vorangehenden Beispielen vorkommenden Terme können als Glieder von Folgen interpretiert werden.

Definition Eine **Folge** $a_0, a_1, a_2, \ldots$ mit $a_n \in A$ für alle $n \in \mathbb{N}_0$ kann als Funktion

$$a\colon \mathbb{N}_0 \to A;\, n \mapsto a_n$$

aufgefasst werden. Ist dabei A eine Zahlenmenge, so spricht man von einer **Zahlenfolge**. Den Funktionswert a_n nennt man das ***n*-te Glied** der Folge, welche auch mit $(a_n)_{n\in\mathbb{N}_0}$ bezeichnet wird.

Beispiel 4

1.

n	0	1	2	3	…
k_n	c	c	c	c	…

Also $k_n = c$ für alle $n \in \mathbb{N}_0$.
Dies ist eine *konstante* Folge.

2.

n	0	1	2	3	…
b_n	2	5	8	11	…

Also $b_n = 2 + 3n$ für alle $n \in \mathbb{N}_0$.
Dies ist eine *arithmetische* Folge.

3.

n	0	1	2	3	…
g_n	16	24	36	54	…

Also $g_n = 16 \cdot \left(\frac{3}{2}\right)^n$ für alle $n \in \mathbb{N}_0$.
Dies ist eine *geometrische* Folge.

In diesen Beispielen sind die Folgen durch ihre Termdarstellungen gegeben, d. h. **explizit**. Eine andere Form der Darstellung einer Folge ist die **rekursive** Definition. In diesem Fall werden der *Startwert* a_0 sowie eine *Regel* gegeben, nach welcher aus a_n das nächste Folgenglied a_{n+1} berechnet werden kann. In den obigen Beispielen sieht dies dann wie folgt aus:

1.	$k_0 = c,$	$k_{n+1} = k_n$	$\forall n \in \mathbb{N}_0$
2.	$b_0 = 2,$	$b_{n+1} = b_n + 3$	$\forall n \in \mathbb{N}_0$
3.	$g_0 = 16,$	$g_{n+1} = g_n \cdot \left(\frac{3}{2}\right)$	$\forall n \in \mathbb{N}_0$

Dass eine rekursive Definition eine Folge vollständig und eindeutig charakterisiert, scheint intuitiv klar. Diese Tatsache erscheint hier als Satz, nämlich als das erstmals 1888 von Richard Dedekind[3] in [Ded88] formulierte und bewiesene Rekursions-Theorem:

Satz 2 (Rekursions-Theorem)
Sind eine Menge A, ein ausgezeichnetes Element $\tilde{a} \in A$ sowie eine Abbildung $\rho\colon A \to A$ gegeben, so gibt es eine eindeutige Folge $a\colon \mathbb{N}_0 \to A$ mit den Eigenschaften

a) $a_0 = \tilde{a}$ und b) $a_{s(n)} = \rho(a_n) \quad \forall n \in \mathbb{N}_0$. ■

3 Julius Wilhelm Richard Dedekind (1831–1916), deutscher Mathematiker. Er war einer der Wegbereiter der modernen axiomatisch orientierten Grundlagenforschung in der Mathematik.

Bild 4.3 Richard Dedekind

Das Rekursions-Theorem wird hier nicht bewiesen. Für einen Beweis siehe [E$^+$92, S. 15]. Wir haben hier $s(n)$ anstelle von $n+1$ verwendet, weil dies für den strengen Aufbau in Abschnitt 4.2 von Bedeutung ist.

Bemerkung In den obigen Beispielen lauten die „Regeln" wie folgt:

1. $\rho\colon \mathbb{N}_0 \to \mathbb{N}_0;\ x \mapsto x,$
2. $\rho\colon \mathbb{N}_0 \to \mathbb{N}_0;\ x \mapsto x+3,$
3. $\rho\colon \mathbb{Q} \to \mathbb{Q};\ x \mapsto \frac{3}{2}\cdot x.$

Die Kaninchen-Aufgabe

Im „Liber abaci" von Leonardo Fibonacci (vgl. Fußnote S. 85) findet sich auch die berühmt gewordene Kaninchen-Aufgabe (übersetzt aus [GP02, S. 92]):

> „Wie viele Kaninchenpaare stammen in einem Jahr von einem einzigen Paar ab?
> Ein Mann setzte ein Kaninchenpaar in einen Raum, der vollständig von Wänden umgeben war, um herauszufinden, wie viele Paare in einem Jahr von diesem abstammen. Von Natur aus beginnen die Kaninchen ab dem zweiten Lebensmonat, sich fortzupflanzen, und jedes Paar zeugt innerhalb eines Monats ein weiteres Paar[4]. Da das erste Paar im ersten Monat Nachwuchs bekommt, werden sich die Kaninchen verdoppeln, und am Ende des Monats werden wir zwei Paare haben. Von diesen wird nur eines, nämlich das erste, auch im zweiten Monat zeugen, so dass wir am Ende drei Paare haben, von denen zwei Paare im dritten Monat zwei weitere Paare zeugen werden, so dass wir am Ende des dritten Monats fünf Paare haben werden. Im vierten werden drei Paare fruchtbar sein, und wir werden 8 Paare haben, von denen 5 im fünften Monat entstehen werden, also sind es dann insgesamt 13 Paare. [...]"

Und so rechnet Fibonacci weiter und erhält am Ende des Jahres schließlich 377 Paare.

[4] Es geht also um ein Modell, welches die Fortpflanzung von Kaninchen beschreibt. Wie jedes Modell beschreibt es die Realität, stimmt aber nicht mit ihr überein. Es werden vereinfachende Annahmen getroffen. Beispielsweise stimmt es nicht, dass reale Kaninchen schon im zweiten Lebensmonat geschlechtsreif sind. Zudem wird im Modell – unausgesprochen – angenommen, dass im Lauf des Jahres keine Kaninchen sterben.

An dieser Stelle weist er auf den Seitenrand hin (vgl. Bild), wo man erkennt, dass man stets addieren muss, und zwar:

„[...] die erste Zahl mit der zweiten, d. h. 1 mit 2, dann die zweite mit der dritten, die dritte mit der vierten, die vierte mit der fünften, und so weiter, bis wir die zehnte mit der elften addieren, d. h. 144 mit 233, um die Endsumme von 377 Kaninchenpaaren zu finden; und in gleicher Weise können wir für eine unendliche Anzahl von Monaten fortfahren...“

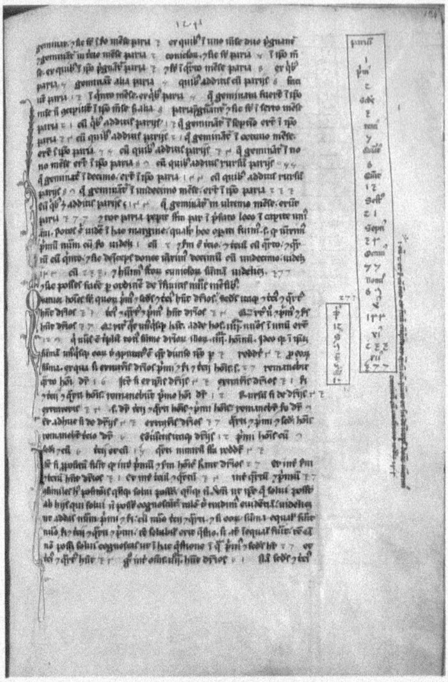

Bild 4.4 Die Kaninchen-Aufgabe im „Liber Abaci“

In [GP02, S. 92] kommentieren die Autoren die Kaninchen-Aufgabe wie folgt: „Wie wichtig Leonardo dieses Ergebnis einschätzte, ist nicht bekannt [...]. In der Tat wird das Problem gestellt, gelöst und aufgegeben, ohne einen einzigen Kommentar oder einen Hinweis auf mögliche weitere Entwicklungen, die erst mehrere Jahrhunderte später entdeckt wurden. Andererseits hat die nach Fibonacci benannte Folge im Laufe der Zeit eine Vielzahl von – oft unerwarteten – Verbindungen zu anderen Problemen gezeigt, sowohl im Bereich der Mathematik als auch bei Anwendungen in den Naturwissenschaften, und ihre Begriffe finden sich sehr häufig in den Gegenständen der Natur, von Blütenblättern bis zu Zapfen, von Muscheln bis zur Verteilung der Blätter am Stiel einer Pflanze.“ ■

Beispiel 5 Bezeichnen wir mit f_n das n-te Glied dieser Folge, die heute nach Fibonacci benannt wird, so gilt offenbar die Rekursionsformel

$$f_{n+1} = f_n + f_{n-1} \qquad (\star)$$

für alle $n \in \mathbb{N}_0$ mit $n \geqslant 2$. Zur vollständigen Bestimmung dieser Folge müssen noch zwei Startglieder festgelegt werden. Wir setzen

$$f_0 = 0 \qquad \text{und} \qquad f_1 = 1 \qquad (\star\star)$$

Die **Fibonacci-Folge**[5] beginnt also mit $0, 1, 1, 2, 3, 5, 8, 13, 21, 34, 55, 89, \ldots$

Wir beachten, dass zur Bestimmung des Folgengliedes f_{n+1} sowohl f_n als auch f_{n-1} benötigt werden. In diesem Punkt weicht die Fibonacci-Folge von den bisher betrachteten Fällen ab. Dennoch lässt sie sich ebenfalls unter den Hut des Rekursions-Theorems bringen.

Anstelle von $\mathbb{N}_0$ betrachten wir als Zielbereich die Menge $A = \mathbb{N}_0 \times \mathbb{N}_0$. Wir setzen $\tilde{\boldsymbol{a}} = (0,1)$ und definieren $\rho\colon A \to A$ durch $\rho(a_1, a_2) = (a_2, a_1 + a_2)$.

Nach dem Rekusions-Theorem gibt es dazu eine eindeutige Folge $\boldsymbol{f}\colon \mathbb{N}_0 \to A$ mit den Eigenschaften

a) $\boldsymbol{f}_0 = \tilde{\boldsymbol{a}}$ und

b) $\boldsymbol{f}_{n+1} = \rho(\boldsymbol{f}_n) \quad \forall n \in \mathbb{N}_0$.

Das Folgenglied $\boldsymbol{f}_n$ ist ein geordnetes Paar; wir bezeichnen seine erste Koordinate mit f_n und die zweite mit g_n. Nach a) gilt somit

$$(f_0, g_0) = \boldsymbol{f}_0 = \tilde{\boldsymbol{a}} = (0,1),$$

und nach b) haben wir für alle $n \in \mathbb{N}_0$:

$$(f_{n+1}, g_{n+1}) = \boldsymbol{f}_{n+1} = \rho(\boldsymbol{f}_n) = (g_n, f_n + g_n).$$

Für die erste Koordinate $(f_n)_{n\in\mathbb{N}_0}$ von $(\boldsymbol{f}_n)_{n\in\mathbb{N}_0}$ gilt somit

$$f_0 = 0, \quad f_1 = g_0 = 1$$

und

$$f_{n+2} = g_{n+1} = f_n + g_n = f_n + f_{n+1} \quad \forall n \in \mathbb{N}_0.$$

Diese Rekursionsformel ist äquivalent mit derjenigen für die Fibonacci-Folge, womit die Existenz der Fibonacci-Folge nachgewiesen ist.

Es bleibt zu zeigen, dass $(f_n)_{n\in\mathbb{N}_0}$ die einzige Folge ist, welche die Bedingungen $(\star)$ und $(\star\star)$ erfüllt. Es sei also $(\hat{f}_n)_{n\in\mathbb{N}_0}$ irgendeine Folge, welche $(\star)$ und $(\star\star)$ erfüllt. Dazu definieren wir die Folge $(\hat{g}_n)_{n\in\mathbb{N}_0}$ durch $\hat{g}_n = \hat{f}_{n+1}$. Dann hat aber die Folge $\hat{\boldsymbol{f}}\colon \mathbb{N}_0 \to A$ mit $\hat{\boldsymbol{f}}_n = (\hat{f}_n, \hat{g}_n)$ für alle $n \in \mathbb{N}_0$ dieselben Eigenschaften a) und b) wie $\boldsymbol{f}\colon \mathbb{N}_0 \to A$. Wegen der Eindeutigkeit von $\boldsymbol{f}$ folgt damit $\hat{\boldsymbol{f}} = \boldsymbol{f}$ und somit auch $\hat{f}_n = f_n$ für alle $n \in \mathbb{N}_0$. Also ist die Fibonacci-Folge durch die gegebene rekursive Darstellung eindeutig bestimmt. ■

Bemerkung Oft sind prädikatlogische Aussageformen $\varphi(n)$ über natürliche Zahlen erst von einer Grenze n_0 ($n_0 > 0$) an gültig. Für diese Situation gilt das folgende **modifizierte Induktionsprinzip**. Es ist formuliert für eine Formel $\varphi(n)$ mit der Grundmenge $V = \{n \in \mathbb{N}_0 \mid n \geq n_0\}$.

---

5 Fibonaccis Kaninchen-Folge beginnt mit den Gliedern $1, 2, 3, 5, \ldots$, usw. Indem wir hier mit $0, 1, 1, 2$ beginnen, folgen wir der neueren Tradition, die sich bei der expliziten Darstellung als nützlich erweisen wird.

Satz 3 (MPVI)
Aus $\varphi(n_0) \wedge \forall n \in V(\varphi(n) \rightarrow \varphi(n+1))$ folgt $\forall n \in V(\varphi(n))$. ∎

Zum **Beweis** von Satz 3 ersetze man die Formel $\varphi(n)$ durch

$$\psi(n) \;:\Leftrightarrow\; \varphi(n_0 + n)$$

und wende darauf das PVI (vgl. S. 83) an. ∎

Beispiel 6 Für $n_0 = 3$ wird dieses Prinzip etwa verwendet, um den Satz über die Winkelsumme für einfache ebene n-Ecke zu beweisen (Ein ebenes Vieleck ist *einfach*, wenn je zwei Seiten keine gemeinsamen inneren Punkte besitzen.)

Beispiel 7 Die Bernoulli-Ungleichung lautet:[6]

$$(1+x)^n > 1+nx \quad \forall n \geq 2 \quad \forall x \in \left]-1,+\infty\right[\setminus \{0\}.$$

Beweis der Bernoulli-Ungleichung mittels (MPVI) für $n_0 = 2$.
Verankerung: Wir zeigen zunächst, dass die Ungleichung für $n = 2$ gilt:

$$(1+x)^2 = 1+2x+x^2 > 1+2x,$$

denn $x^2 > 0$, wenn $x \neq 0$, wie vorausgesetzt.
Induktionsschritt: Wir nehmen an, dass

$$(1+x)^n > 1+nx$$

gelte für ein beliebiges, aber festes $n \geq 2$ und $x \in \left]-1,\infty\right[\setminus \{0\}$. Wir haben zu zeigen, dass die Ungleichung dann auch für $n+1$ gilt. Wir beginnen auf der linken Seite.

$$\begin{aligned}
(1+x)^{n+1} &= (1+x)^n(1+x) \\
&> (1+nx)(1+x) && \text{(Induktionsannahme; } 1+x>0\text{)} \\
&= 1+(n+1)x+nx^2 \\
&> 1+(n+1)x && \text{(da } nx^2>0\text{).}
\end{aligned}$$

Insgesamt also: $(1+x)^{n+1} > 1+(n+1)x$ ∎

Eine weitere Variante des PVI ist das **starke Induktionsprinzip**, abgekürzt **SPVI**. Es ist äquivalent zum PVI und wird angewendet, wenn beim Induktionsschritt die Gültigkeit der Formel $\varphi(n)$ nicht nur für ein festes n sondern auch für einen oder mehrere Vorgänger benötigt wird.

Satz 4 (SPVI)
Aus $\varphi(0) \wedge \forall n \in \mathbb{N}_0(\forall k \leq n(\varphi(k)) \rightarrow \varphi(n+1))$ folgt $\forall n \in \mathbb{N}_0(\varphi(n))$. ∎

[6] Diese Ungleichung ist nach dem Schweizer Mathematiker Jakob Bernoulli (1654–1705) benannt.

Beweis Hier ersetzen wir die Formel $\varphi(n)$ durch

$$\psi(n) :\Leftrightarrow \forall k \leq n\big(\varphi(k)\big)\,.$$

Wir wenden darauf das PVI (vgl. S. 83) an und bemerken, dass

$$\forall n \in \mathbb{N}_0\big(\psi(n)\big) \Leftrightarrow \forall n \in \mathbb{N}_0\big(\varphi(n)\big)\,.$$

■

Beispiel 8 Die **Lucas**[7]**-Folge** $(l_n)_{n\in\mathbb{N}_0}$ erfüllt dieselbe Rekursionsformel $(\star)$ wie die Fibonacci-Folge $(f_n)_{n\in\mathbb{N}_0}$, hat aber die Startwerte $l_0 = 2$ und $l_1 = 1$. Sie beginnt also mit $2, 1, 3, 4, 7, 11, 18, \ldots$. Wir beweisen mit dem Prinzip der starken Induktion, dass die Formel

$$l_n = 2f_{n+1} - f_n$$

allgemeingültig ist in $\mathbb{N}_0$.

Beweis mittels SPVI:
Verankerung: Wir zeigen, dass die Formel für $n = 0$ gilt:

$$2f_1 - f_0 = 2 \cdot 1 - 0 = 2 = l_0$$

Induktionsschritt: Es sei $n \in \mathbb{N}_0$ fest aber beliebig. Wir nehmen nun an, dass die Formel für alle $k \leq n$ gültig ist, und wollen zeigen, dass sie dann auch für $n+1$ gilt. Dazu benötigen wir eine Fallunterscheidung:

1. $n = 0$. Wir überprüfen die Formel für $n + 1 = 1$ Es gilt: $2f_2 - f_1 = 2 \cdot 1 - 1 = 1 = l_1$.
2. $n \geq 1$. Nach Induktionsannahme gelten dann insbesondere $l_{n-1} = 2f_n - f_{n-1}$ und $l_n = 2f_{n+1} - f_n$. Addieren wir nun auf beiden Seiten der Gleichung und verwenden die gemeinsame Rekursionsformel, so ergibt sich

$$l_{n+1} = l_n + l_{n-1} = \big(2f_{n+1} - f_n\big) + \big(2f_n - f_{n-1}\big) = 2f_{n+2} - f_{n+1}\,.$$

■

4.2 Natürliche Zahlen: Addition, Multiplikation und Ordnungsrelation

Wir definieren hier die Addition und die Multiplikation natürlicher Zahlen mit Hilfe des Rekursions-Theorems. Dieser Zugang stellt uns vor die Aufgabe, die uns vertrauten Rechenregeln zu *beweisen*. Als Beweismethode wird, wie bei rekursiv definierten Objekten üblich, fast durchwegs das Prinizip der vollständigen Induktion verwendet.

Definition der Addition

Dafür benötigen wir hier wieder die Nachfolgerfunktion s (vgl. S. 82). Wir setzen $1 := s(0)$, was intuitiv klar ist. Gegeben sei eine feste Zahl $m \in \mathbb{N}_0$. Wir definieren die Folge $a\colon \mathbb{N}_0 \to \mathbb{N}_0$ rekursiv durch

[7] Edouard Lucas (1842–1891), franz. Mathematiker

a) $a_0 = m$ und

b) $a_{s(n)} = s(a_n) \quad \forall n \in \mathbb{N}_0$.

Für beliebiges $n \in \mathbb{N}_0$ definieren wir die *Summe* $m + n$ durch:

$$m + n := a_n \,.$$

Damit übersetzen sich die Eigenschaften a) und b) der Folge a in

a) $m + 0 = a_0 = m$,

b) $m + s(n) = a_{s(n)} = s(a_n) = s(m+n) \quad \forall n \in \mathbb{N}_0$.

Insbesondere erhalten wir

$$s(m) = s(m+0) = m + s(0) = m + 1 \quad \forall m \in \mathbb{N}_0 \,.$$

Die in den Beispielen bereits verwendete Schreibweise für den Nachfolger wird somit nachträglich gerechtfertigt.

Die *Definition* der *Addition* kann damit wie folgt formuliert werden. Für eine beliebige Zahl m gilt:

1. $m + 0 = m$,
2. $m + (n+1) = (m+n) + 1 \quad \forall n \in \mathbb{N}_0$.

■

Mit dieser Definition sind wir nun in der Lage zu *beweisen*, dass die folgenden uns vertrauten Rechenregeln in $\mathbb{N}_0$ allgemeingültige Aussageformen sind.

Satz 5

(A1) $(k+m)+n = k+(m+n)$, (Assoziativgesetz)

(A2) $m+0 = m = 0+m$, (Gesetz des Neutralelements)

(A3) $m+n = n+m$. (Kommutativgesetz)

■

Beweis Beweis von (A1) mit vollständiger Induktion nach n:

Verankerung: Für beliebige $k, m \in \mathbb{N}_0$ gilt nach Definition 1

$$(k+m)+0 = k+m = k+(m+0) \,.$$

Induktionsschritt: Für ein festes, aber beliebiges $n \in \mathbb{N}_0$ gelte

$$(k+m)+n = k+(m+n) \,.$$

Nach Definition der Addition und der Induktionsannahme haben wir:

$$\begin{aligned}(k+m)+(n+1) &= [(k+m)+n]+1 \\ &= [k+(m+n)]+1 \\ &= k+[(m+n)+1] \\ &= k+[m+(n+1)] \,.\end{aligned}$$

Dies gilt für beliebige $k, m \in \mathbb{N}_0$, womit der Induktionsschritt verifiziert ist. ■

Die Gesetze (A2) und (A3) werden hier nicht bewiesen.

Für die Addition in $\mathbb{N}_0$ gilt ferner die Kürzungsregel

Lemma 6
(A4) $\forall k, m, n \in \mathbb{N}_0\big((m+k=n+k) \to (m=n)\big)$ ■

Beweis Beweis mit vollständiger Induktion nach k. ■

Definition der Multiplikation

Gegeben sei eine beliebige Zahl $m \in \mathbb{N}_0$. Wir definieren die Folge $p\colon \mathbb{N}_0 \to \mathbb{N}_0$ rekursiv durch:

a) $p_0 = 0$ und

b) $p_{s(n)} = p_n + m \quad \forall n \in \mathbb{N}_0$.

Für beliebiges $n \in \mathbb{N}_0$ definieren wir das *Produkt* $m \cdot n$ durch:

$$m \cdot n := p_n .$$

Die *Multiplikation* in $\mathbb{N}_0$ mit der Zahl m kann somit wie folgt festgelegt werden

1. $m \cdot 0 = 0$,
2. $m \cdot (n+1) = m \cdot n + m \quad \forall n \in \mathbb{N}_0$. ■

Auch die Allgemeingültigkeit der folgenden Gesetze kann nachgewiesen werden:

(AM1) $k \cdot (m+n) = k \cdot m + k \cdot n$, (1. Distributivgesetz)
(AM2) $(k+m) \cdot n = k \cdot n + m \cdot n$, (2. Distributivgesetz)
(M1) $(k \cdot m) \cdot n = k \cdot (m \cdot n)$, (Assoziativgesetz der Multiplikation)
(M2) $m \cdot 1 = m = 1 \cdot m$, (Neutralelement der Multiplikation)
(M3) $m \cdot n = n \cdot m$. (Kommutativgesetz der Multiplikation) ■

Beweis von (AM2) mit vollständiger Induktion nach n:

Verankerung: Nach Definition der Multiplikation gelten für beliebige k, m:

$$\left.\begin{array}{l}(k+m)\cdot 0 = 0 \quad \text{und} \\ k \cdot 0 + m \cdot 0 = 0 + 0 = 0\end{array}\right\} \quad \text{also } (k+m)\cdot 0 = k \cdot 0 + m \cdot 0.$$

Induktionsschritt: Für festes, aber beliebiges $n \in \mathbb{N}_0$ gelte:

$$(k+m) \cdot n = k \cdot n + m \cdot n.$$

Nach Definition der Multiplikation, Induktionsannahme und den Gesetzen der Addition haben wir:

$$\begin{aligned}(k+m)\cdot(n+1) &= (k+m)\cdot n+(k+m)\\ &= k\cdot n+m\cdot n+(k+m)\\ &= (k\cdot n+k)+(m\cdot n+m)\\ &= k\cdot(n+1)+m\cdot(n+1)\end{aligned}$$

■

Auf die Beweise der weiteren Gesetze wird hier nicht eingegangen.

Wir notieren auch die nachstehenden nützlichen Eigenschaften von Addition und Multiplikation:

Lemma 7

1. Aus $m \neq 0 \vee n \neq 0$ folgt stets $m+n \neq 0$.
2. Aus $m \neq 0 \wedge n \neq 0$ folgt stets $m\cdot n \neq 0$.

■

Wir beweisen hier 1. Der Beweis von 2. verläuft ähnlich.

Beweis Wir nehmen an, dass $n \neq 0$ ist. Gemäß Folgerung auf S. 82 ist n ein Nachfolger: $n = u+1$ für ein $u \in \mathbb{N}_0$. Dann gilt

$$m+n = m+(u+1) = (m+u)+1\,.$$

Also ist $m+n$ ein Nachfolger und somit ungleich Null nach Axiom (S3) S. 82. ■

Die Ordnungsrelation in $\mathbb{N}_0$

Satz 8

Die durch

$$n \leq m :\Leftrightarrow \exists t \in \mathbb{N}_0\,(n+t=m)$$

definierte Relation in $\mathbb{N}_0$ ist eine *Totalordnung*.

■

Nach Kapitel 3, S. 74 ist eine Totalordnung eine Relation, welche gleichzeitig *reflexiv, transitiv, antisymmetrisch* und *konnex* ist.

Beweis des Satzes:

1. Die Relation $\leq$ ist *reflexiv*: Nach Definition der Addition gilt stets $n+0=n$.
2. $\leq$ ist *transitiv*: Es seien also k, m, n Zahlen aus $\mathbb{N}_0$ mit $k \leq m$ und $m \leq n$. Nach Definition von $\leq$ bedeutet dies, dass es Zahlen $t, u \in \mathbb{N}_0$ gibt mit $k+t=m$ und $m+u=n$. Folglich gilt:
   $$k+(t+u) = (k+t)+u = m+u = n\,.$$
   Also ist wie behauptet $k \leq n$.

3. $\leq$ ist *antisymmetrisch*: Wir nehmen an, dass m, n natürliche Zahlen sind mit $m \leq n$ und $n \leq m$. Nach Definition gibt es dann Zahlen $t, u \in \mathbb{N}_0$ so, dass $m + t = n$ und $n + u = m$. Folglich gilt:

   $$m + (t + u) = (m + t) + u = n + u = m = m + 0$$

   und die Kürzungsregel 6 erlaubt, auf $t + u = 0$ zu schließen.
   Mit der Kontraposition von Lemma 7.1 folgt nun $t = u = 0$ und somit $m = n$.

4. $\leq$ ist *konnex*: Wir beweisen mit Induktion nach n, dass $m \leq n$ oder $n \leq m$ für alle $m, n \in \mathbb{N}_0$ gilt.
   a) *Verankerung*: Wegen $0 + m = m$ gilt stets $0 \leq m$.
   b) *Induktionsschritt*: Es sei $n \in \mathbb{N}_0$ fest, aber beliebig. Nach Induktionsannahme gilt dann $m \leq n$ oder $n \leq m$ für alle $m \in \mathbb{N}_0$. Falls $m \leq n$, so gilt wegen der Transitivität von $\leq$ auch $m \leq n + 1$. Gilt hingegen $m \not\leq n$, so ist $n \neq m$ und $n \leq m$ und somit $n + s = m$ für ein $s \in \mathbb{N}_0$ mit $s \neq 0$. Also ist s ein Nachfolger: $s = u + 1$ mit $u \in \mathbb{N}_0$. Somit haben wir

   $$(n + 1) + u = n + (1 + u) = n + (u + 1) = n + s = m.$$

   In diesem Fall gilt also $n + 1 \leq m$. Damit ist der Induktionsschritt in beiden Fällen nachgewiesen. ■

Das folgende Lemma besagt, dass es zwischen einer natürlichen Zahl und ihrem Nachfolger keine weitere natürliche Zahl geben kann:

Lemma 9
Für alle $n \in \mathbb{N}_0$ gilt: Aus $n \leqslant m$ und $m \leqslant n + 1$ folgt $m = n$ oder $m = n + 1$. ■

Beweis Falls $n = m$, ist nichts zu zeigen. Falls $n \neq m$, gibt es ein $t \neq 0$ mit $n + t = m$. Da $t \neq 0$ ist, gilt $t = u + 1$ für ein $u \in \mathbb{N}_0$. Andererseits gibt es ein $v \in \mathbb{N}_0$ mit $m + v = n + 1$.
Nun gilt:

$$m + 0 = m = n + t = n + (u + 1) = (n + 1) + u = (m + v) + u = m + (v + u).$$

Mit Lemma 6 folgt $0 = u + v$, und Lemma 7.1 impliziert $v = u = 0$.
Also ist $m = m + v = n + 1$. ■

Die natürliche Ordnung $\leq$ in $\mathbb{N}_0$ ist nicht nur eine Ordnungsrelation, sondern eine **Wohlordnung**, d. h. es gilt das **Prinzip der kleinsten Zahl**:

Satz 10
Jede nichtleere Teilmenge von $\mathbb{N}_0$ besitzt ein kleinstes Element. ■

Das Element $m_0 \in M$ ist das kleinste Element von M, falls $m_0 \leq m$ für alle $m \in M$. Insbesondere ist 0 das kleinste Element von $\mathbb{N}_0$.

Beweis Wir beweisen die Kontraposition. Es sei also M eine Teilmenge von $\mathbb{N}_0$ ohne kleinstes Element. Wir betrachten das Komplement $\overline{M}$ von M in $\mathbb{N}_0$. Wir zeigen mittels vollständiger Induktion, dass die Aussageform $\varphi(n)\colon \forall k \in \mathbb{N}_0 \left(k \leqslant n \longrightarrow k \in \overline{M}\right)$ in $\mathbb{N}_0$ allgemeingültig ist. Weil M kein kleinstes Element besitzt, ist $0 \in \overline{M}$; d. h. $\varphi(0)$ ist wahr. Es sei nun $n \in \mathbb{N}_0$ eine feste, aber beliebige Zahl so, dass $\varphi(n)$ wahr ist. Dann ist aber auch $\varphi(n+1)$ wahr, denn andernfalls wäre $n+1$ nach Lemma 9 das kleinste Element in M. Somit sind die Prämissen des Prinzips (PVI) für die Aussageform $\varphi(n)$ erfüllt. Folglich gilt $\overline{M} = \mathbb{N}_0$ und $M = \emptyset$. ■

Bemerkung Umgekehrt kann das Prinzip (PVI) auch aus dem Prinzip der kleinsten Zahl hergeleitet werden. Somit sind die beiden Prinzipien äquivalent.

Beweis Es sei $\varphi(n)$ eine Aussageform mit Grundmenge $\mathbb{N}_0$, für welche die Prämissen $\varphi(0)$ und $\forall n \in \mathbb{N}_0 \left(\varphi(n) \to \varphi(n+1)\right)$ erfüllt sind. Zu zeigen ist, dass $\varphi(n)$ in $\mathbb{N}_0$ allgemeingültig ist. Wir nehmen an, das Komplement $\overline{\mathbb{L}_\varphi}$ der Lösungsmenge von $\varphi(n)$ in $\mathbb{N}_0$ sei nicht leer. Nach dem Prinzip der kleinsten Zahl enthält $\overline{\mathbb{L}_\varphi}$ ein kleinstes Element m_0. Weil $\varphi(0)$ wahr ist, ist m_0 ein Nachfolger, also von der Form $m_0 = n_0 + 1$. Nun ist aber $n_0 \in \mathbb{L}_\varphi$; d. h. $\varphi(n_0)$ ist wahr. Nach Voraussetzung ist dann auch $\varphi(n_0+1)$ wahr, im Widerspruch dazu, dass $m_0 = n_0 + 1$ das kleinste Element von $\overline{\mathbb{L}_\varphi}$ ist. Folglich gilt $\overline{\mathbb{L}_\varphi} = \emptyset$, und somit ist $\varphi(n)$ allgemeingültig in $\mathbb{N}_0$. ■

Wir notieren ferner die folgenden nützlichen Eigenschaften der natürlichen Ordnungsrelation:

Satz 11
1. Aus $m \leq n$ folgt stets $m + k \leq n + k$.
2. Aus $m \leq n$ folgt stets $m \cdot k \leq n \cdot k$.

■

Beweis 1. folgt unmittelbar aus der Definition von $\leq$.
Für 2. seien k, m, n natürliche Zahlen, wobei $m \leq n$; also gibt es t mit $m + t = n$. Also gilt

$$m \cdot k + t \cdot k = (m + t) \cdot k = n \cdot k\,.$$

Somit ist gezeigt, dass $m \cdot k \leq n \cdot k$. ■

4.3 Erweiterung zum Ring der ganzen Zahlen

Was soll die Erweiterung von $\mathbb{N}_0$ zur Menge $\mathbb{Z}$ der ganzen Zahlen leisten? In $\mathbb{Z}$ sollen ebenfalls zwei Operationen $+$ und $\cdot$ sowie eine Ordnungsrelation definiert sein, und dies mit den folgenden Eigenschaften:

1. **Koinzidenz**: Addition, Multiplikation und Ordnungsrelation sollen in $\mathbb{N}_0$ mit den gegebenen Operationen und Relationen übereinstimmen.

2. **Permanenz**: Bezüglich Addition, Multiplikation und Ordnungsrelation sollen in $\mathbb{Z}$ dieselben Gesetze gelten wie in $\mathbb{N}_0$.
   Für die Addition bedeutet dies konkret:
   i) $(a+b)+c = a+(b+c)$,
   ii) $a+b = b+a$,
   iii) Die Zahl 0 ist in $\mathbb{Z}$, und es gilt $a+0 = a = 0+a$.
3. **Neu**: In $\mathbb{Z}$ soll die *Subtraktion* unbeschränkt ausführbar sein. Anders ausgedrückt: Die Gleichung $a+x=b$ soll für alle $a, b \in \mathbb{Z}$ genau eine Lösung in $\mathbb{Z}$ haben. Insbesondere soll gelten:
   iv) Zu jeder Zahl $a \in \mathbb{Z}$ gibt es eine *Gegenzahl* $-a \in \mathbb{Z}$ so, dass
   $a+(-a) = 0 = (-a)+a$.

Die Eigenschaften i) bis iv) besagen gerade, dass $\mathbb{Z}$ bezüglich der Addition eine *abelsche Gruppe*[8] ist. Der Gruppenbegriff erscheint in den verschiedensten mathematischen Zusammenhängen und wird im Folgenden vertieft.

Gegeben seien eine Menge G sowie eine zweistellige Operationen in G, die wir mit $\otimes$ bezeichnen.

Definition Man nennt das System $(G, \otimes)$ eine **Gruppe**, falls die folgenden Gesetze gelten:

(G1) $(x \otimes y) \otimes z = x \otimes (y \otimes z)$ für alle $x, y, z \in G$, (Assoziativgesetz)

(G2) $\exists e \in G\big(x \otimes e = x = e \otimes x\big)$ für alle $x \in G$, (e ist neutrales Element bzgl. $\otimes$)

(G3) $\forall x \in G\, \exists x' \in G\big(x \otimes x' = e = x' \otimes x\big)$. ($x'$ ist zu x inverses Element)

Ist zusätzlich das Gesetz (G4) erfüllt, so spricht man von einer **abelschen** (oder *kommutativen*) **Gruppe**:

(G4) $x \otimes y = y \otimes x$ für alle $x, y \in G$. (Kommutativgesetz)

Beispiele und Gegenbeispiele

1. $(\mathbb{N}_0, +)$ ist keine Gruppe, denn es gibt in $\mathbb{N}_0$ keine inversen Elemente bezüglich Addition außer für 0.
2. $(\mathbb{Z}, +)$ ist eine abelsche Gruppe. Die Zahl 0 ist das neutrale Element bzgl. Addition. Die Gegenzahl $-a$ ist das zur Zahl a inverse Element.
3. $(\mathbb{Z}, \cdot)$ ist keine Gruppe, denn es gibt in $\mathbb{Z}$ keine inversen Elemente bezüglich Multiplikation außer für 1 und -1.
4. $(\mathbb{Q}^*, \cdot)$ ist eine abelsche Gruppe. Dabei bezeichnet $\mathbb{Q}^*$ die Differenzmenge $\mathbb{Q} \setminus \{0\}$. Die Zahl 1 ist das neutrale Element bzgl. Multiplikation. Das zu $q \in \mathbb{Q}^*$ inverse Element ist die Kehrzahl $q^{-1} = \frac{1}{q} \in \mathbb{Q}^*$.
5. Die Menge aller Kongruenzabbildungen einer Ebene ist bezüglich Zusammensetzung eine (nicht-abelsche) Gruppe.
6. Die Menge aller Kongruenzabbildungen, welche ein gegebenes Quadrat auf sich abbilden, ist eine (nicht-abelsche) Gruppe. Sie ist eine *Untergruppe* der Gruppe aller Kongruenzabbildungen.

[8] „abelsch“ bezieht sich auf den norwegischen Mathematiker Niels Henrik Abel (1802–1829), der maßgebliche Beiträge zu Analysis und Algebra leistete.

Elementare Eigenschaften einer Gruppe

Wir beziehen uns hier stets auf den allgemeinen Fall. Es sei also G eine beliebige Gruppe.

1. Das neutrale Element $e \in G$ ist eindeutig bestimmt. Haben nämlich $e \in G$ und $e' \in G$ die Eigenschaft des neutralen Elementes bzgl. der Operation $\otimes$, so gilt

$$e' = e' \otimes e = e\,.$$

2. Für jedes Element $x \in G$ gilt: Das zu x inverse Element $x' \in G$ ist eindeutig bestimmt. (Das eindeutige inverse Element wird oft mit x^{-1} bezeichnet.)

   Sind nämlich $x' \in G$ und $x'' \in G$ zu x invers bzgl. der Operation $\otimes$, so gilt

$$x'' = x'' \otimes e = x'' \otimes (x \otimes x') = (x'' \otimes x) \otimes x' = e \otimes x' = x'\,.$$

3. Für beliebige Elemente $g, h \in G$ hat die Gleichung $g \otimes x = h$ genau eine Lösung in G, nämlich $x = g^{-1} \otimes h$.

   Beweis Wir setzen $x = g^{-1} \otimes h$ in die gegebene Gleichung ein:

$$g \otimes x = g \otimes \left(g^{-1} \otimes h\right) = \left(g \otimes g^{-1}\right) \otimes h = e \otimes h = h\,.$$

   Also ist x tatsächlich Lösung.

   Umgekehrt: Es sei x eine Lösung, also $g \otimes x = h$. Dann gilt

$$g^{-1} \otimes h = g^{-1} \otimes (g \otimes x) = \left(g^{-1} \otimes g\right) \otimes x = e \otimes x = x\,.$$

   Also ist $x = g^{-1} \otimes h$; d. h. die Lösung ist eindeutig. ■

Eine Konstruktion für $\mathbb{Z}$

Bei den bisherigen Überlegungen haben wir lediglich unsere Wünsche an den Zahlbereich $\mathbb{Z}$ geäußert. Nun geht es daran, für $\mathbb{Z}$ ein **Modell** zu konstruieren. Zu diesem Zweck betrachten wir die Menge $\mathbb{N}_0 \times \mathbb{N}_0$ und definieren darin die Relation $\sim$ durch

$$(m_1, m_2) \sim (n_1, n_2) \;:\Leftrightarrow\; m_1 + n_2 = n_1 + m_2\,.$$

Welches ist die Idee dahinter? Das Paar (m_1, m_2) steht für die Differenz $m_1 - m_2$. Jede ganze Zahl kann so dargestellt werden – allerdings ist diese Darstellung nicht eindeutig. Zwei Paare (m_1, m_2) und (n_1, n_2) sollen identifiziert werden, falls

$$m_1 - m_2 = n_1 - n_2$$

(was in $\mathbb{N}_0$ nicht immer definiert ist), oder in $\mathbb{Z}$ gleichwertig und in $\mathbb{N}_0$ durchführbar:

$$m_1 + n_2 = n_1 + m_2\,.$$

Die Relation $\sim$ in $\mathbb{N}_0 \times \mathbb{N}_0$ ist eine Äquivalenzrelation; d. h., sie ist reflexiv, symmetrisch und transitiv. (Dies wird hier nicht bewiesen.) Die Menge $\mathbb{N}_0 \times \mathbb{N}_0$ wird dadurch gemäß Kapitel 3, S. 73 in paarweise disjunkte Äquivalenzklassen oder Fasern zerlegt.

Beispiel 1 Zur Faser des Paares $(2,5)$ gehören alle Paare (n_1, n_2), welche die Gleichung $2 + n_2 = n_1 + 5$ erfüllen.
Das sind genau die Paare (n_1, n_2) mit $(n_2 = n_1 + 3)$; d. h., $(0,3), (1,4), (2,5), (3,6), (4,7), \dots$

Eine **ganze Zahl** ist jetzt eine Faser von $\mathbb{N}_0 \times \mathbb{N}_0$ bezüglich der Relation $\sim$. Die **Menge der ganzen Zahlen** ist die Quotientenmenge

$$\mathbb{Z} := (\mathbb{N}_0 \times \mathbb{N}_0) / \sim$$

Das übliche Modell ergibt sich, wenn man jede Faser durch ihren Schnittpunkt mit der horizontalen Achse ersetzt. Dieses andere Modell zeigt auch, dass die Menge $\mathbb{N}_0$ in $\mathbb{Z}$ enthalten ist. Für das „Fasermodell“ benötigen wir eine „Einbettung“ von $\mathbb{N}_0$ in $\mathbb{Z}$, d. h. eine geeignete injektive Abbildung inc: $\mathbb{N}_0 \to \mathbb{Z}$. Letztere erhalten wir durch die Zuordnung $n \mapsto [(n,0)]$. Insbesondere gilt dann $\mathrm{inc}(0) = [(0,0)]$; diese Faser nennen wir die **Nullfaser**. Ein Paar (m,n) gehört genau dann zur Nullfaser, wenn $m = n$ ist.

Unser nächstes Ziel ist es, die Addition von Fasern zu definieren. Sie wird zunächst für Repräsentanten erklärt. Nämlich:

$$(m_1, m_2) + (n_1, n_2) := (m_1 + n_1, m_2 + n_2).$$

Geordnete Paare werden somit wie Vektoren addiert. Man kann nun zeigen, dass diese Definition für äquivalente Paare auch äquivalente Ergebnisse zeigt. Also: dass aus der Hypothese

$$(m_1, m_2) \sim (u_1, u_2) \quad \wedge \quad (n_1, n_2) \sim (v_1, v_2)$$

die Konklusion

$$(m_1 + n_1, m_2 + n_2) \sim (u_1 + v_1, u_2 + v_2)$$

folgt. Damit sind wir in der Lage, die Addition auf die Quotientenmenge $\mathbb{Z}$ zu übertragen:

Definition $\big[(m_1, m_2)\big] + \big[(n_1, n_2)\big] = \big[(m_1 + n_1, m_2 + n_2)\big].$

Dafür, dass die so definierte Addition von der Wahl der Repräsentanten unabhängig ist, sagt man, sie sei *wohldefiniert.*

Es ist klar, dass die Nullfaser das Nullelement ist. Wir überspringen hier den Beweis, dass diese Addition in $\mathbb{Z}$ assoziativ und kommutativ ist. Wir zeigen aber, dass es zu jeder ganzen Zahl a eine Gegenzahl $-a$ gibt. Ist a eine Faser, die den Repräsentanten (m_1, m_2) enthält, so definieren wir $-a := [(m_2, m_1)]$. Dann gilt tatsächlich

$$a + (-a) = \big[(m_1, m_2)\big] + \big[(m_2, m_1)\big] = \big[(m_1 + m_2, m_2 + m_1)\big] = \big[(0,0)\big].$$

Wird zudem b durch das Paar (n_1, n_2) repräsentiert, so gilt:

$$(-a) + b = b + (-a) = \big[(n_1, n_2)\big] + \big[(m_2, m_1)\big] = \big[(n_1 + m_2, n_2 + m_1)\big].$$

Dies ist aber gerade die eindeutige Lösung der Gleichung $a + x = b$ (vgl. Eigenschaft 3. auf S. 99). Letztere nennen wir wie üblich die **Differenz** und bezeichnen sie mit $b - a$:

$$b - a := b + (-a).$$

Die dadurch definierte und in $\mathbb{Z}$ uneingeschränkt ausführbare Operation ist die *Subtraktion.*

Rechenregeln für die Subtraktion

Satz 12
Allgemeingültig in $\mathbb{Z}$ sind:

1. $a+(b-a)=b=(b-a)+a$.
2. $a+(b-c)=(a+b)-c$.
3. $a-(b+c)=(a-b)-c$.
4. $a-(b-c)=(a-b)+c$.

■

Beweis Exemplarisch beweisen wir 3.
Die Lösung der Gleichung $(b+c)+x=a$ ist $a-(b+c)$. Nun gilt

$$(b+c)+((a-b)-c)=b+(c+(a-b)-c)=b+(a-b)=a\,.$$

Also ist auch $(a-b)-c$ Lösung dieser Gleichung; wegen der Eindeutigkeit folgt 3. ■

Nun muss in $\mathbb{Z}$ noch die Multiplikation so eingeführt werden, dass das Permanenzprinzip nicht verletzt wird. D. h. die Multiplikation muss assoziativ und kommutativ sein, und $\mathrm{inc}(1)=[(1,0)]$ muss sich neutral verhalten. In $\mathbb{N}_0\times\mathbb{N}_0$ wird die Multiplikation definiert durch

$$(m_1,m_2)\cdot(n_1,n_2):=(m_1n_1+m_2n_2,m_1n_2+m_2n_1)\,.$$

Diese Definition ist komplizierter als diejenige der Addition. Wir werden hier nicht beweisen, dass äquivalente Faktoren zu äquivalenten Produkten führen. Letzteres ist jedoch wahr; d. h. die durch die folgende **Definition** gegebene **Multiplikation** in $\mathbb{Z}$ ist *wohldefiniert*

$$\big[(m_1,m_2)\big]\cdot\big[(n_1,n_2)\big]:=\big[(m_1n_1+m_2n_2,m_1n_2+m_2n_1)\big]\,.$$

Wir verzichten auf den Nachweis der Gesetze, bemerken aber, dass für Addition und Multiplikation in $\mathbb{Z}$ auch die Distributivgesetze erfüllt sind. Ein System $(M,\oplus,\otimes)$, bestehend aus einer Menge M und zwei zweistelligen Operationen $\oplus$ und $\otimes$, heißt **Ring**, falls M bezüglich $\oplus$ eine abelsche Gruppe ist und falls für $\otimes$ das Assoziativgesetz und zudem die Distributivgesetze erfüllt sind. Somit ist das System $(\mathbb{Z},+,\cdot)$ ein (kommutativer) Ring.

Eine wichtige Eigenschaft des Rings der ganzen Zahlen ist, dass er keine **Nullteiler** enthält: Aus $a\neq 0$ und $b\neq 0$ folgt stets $a\cdot b\neq 0$. In der abstrakten Algebra nennt man einen kommutativen Ring mit 1, der diese Eigenschaft besitzt, einen *Integritätsbereich.*

Lemma 13
Für alle Zahlen $a,b\in\mathbb{Z}$ gilt: Aus $a\neq 0$ und $b\neq 0$ folgt $a\cdot b\neq 0$.

■

Beweis Wir beweisen die Kontraposition. Es seien (m_1,m_2), (n_1,n_2) Repräsentanten der Zahlen $a,b\in\mathbb{Z}$ mit $a\cdot b=0$. Nach Definition der Multiplikation in $\mathbb{Z}$ ist

$$(m_1n_1+m_2n_2,m_1n_2+m_2n_1)$$

ein Repräsentant von $a \cdot b$. Da $a \cdot b = 0$ ist

$$m_1 n_1 + m_2 n_2 = m_1 n_2 + m_2 n_1 .$$

Weil die Ordnungsrelation in $\mathbb{N}_0$ linear ist, gilt $m_1 \le m_2$ oder $m_2 \le m_1$ und $n_1 \le n_2$ oder $n_2 \le n_1$. Wir dürfen annehmen, dass $m_1 \le m_2$ und $n_1 \le n_2$. Also gibt es $u, v \in \mathbb{N}_0$ so, dass $m_1 + u = m_2$ und $n_1 + v = n_2$. Dann gilt aber

$$m_1 n_1 + (m_1 + u)(n_1 + v) = m_1(n_1 + v) + (m_1 + u)n_1 .$$

Umformen ergibt

$$\begin{aligned}(m_1 n_1 + m_1 n_1 + m_1 v + u n_1) + uv &= m_1 n_1 + m_1 n_1 + m_1 v + u n_1 \\ &= (m_1 n_1 + m_1 n_1 + m_1 v + u n_1) + 0 ,\end{aligned}$$

und die Kürzungsregel (Lemma 6) liefert $uv = 0$. Nach Lemma 7.2 ist dann aber $u = 0$ oder $v = 0$. Daraus folgt aber $m_1 = m_2$ oder $n_1 = n_2$, was gleichbedeutend ist mit $a = 0$ oder $b = 0$. ■

4.4 Erweiterung zum Körper der rationalen Zahlen

Ziel der Erweiterung des Ringes $\mathbb{Z}$ zum Zahlbereich $\mathbb{Q}$ ist die (beinahe) uneingeschränkte *Division*. Bei der Erweiterung orientieren wir uns wieder an Koinzidenz und Permanenz.

Es geht also darum, die Brüche einzuführen. Auf welche Schwierigkeit trifft man dabei? Es gibt Brüche $\frac{a}{b}$ bzw. $\frac{c}{d}$, welche denselben Wert haben, obwohl $a \neq c$ und $b \neq d$ sind. Es gilt bekanntlich genau dann $\frac{a}{b} = \frac{c}{d}$, wenn $ad = bc$ ist:

$$\frac{a}{b} = \frac{c}{d} \Leftrightarrow ad = bc .$$

Diese Überlegungen leiten uns bei der nun folgenden formalen Konstruktion der Menge $\mathbb{Q}$ der rationalen Zahlen. Wir gehen aus vom Cartesischen Produkt $\mathbb{Z} \times (\mathbb{Z} \setminus \{0\})$, also von der Menge der geordneten Paare (a, b) mit $a \in \mathbb{Z}$ und $b \in \mathbb{Z} \setminus \{0\}$. Dabei steht wie oben a für den Zähler und b für den Nenner, und es ist berücksichtigt, dass der Nenner nicht Null sein darf. Wir führen ferner in der Menge $\mathbb{Z} \times (\mathbb{Z} \setminus \{0\})$ eine Relation $\sim$ ein, welche diejenigen Paare verknüpft, welche als Zahlen identifiziert werden sollen.

Für Paare $(a, b) \in \mathbb{Z} \times (\mathbb{Z} \setminus \{0\})$ *definieren* wir

$$(a, b) \sim (c, d) \;:\Leftrightarrow\; a \cdot d = b \cdot c .$$

Es ist nicht schwierig nachzuweisen, dass diese Relation reflexiv, symmetrisch und transitiv ist; d. h., $\sim$ ist eine Äquivalenzrelation in $\mathbb{Z} \times (\mathbb{Z} \setminus \{0\})$.

Identifikation der Brüche mit gleichem Wert bedeutet nichts anderes als Zusammenfassen der äquivalenten Elemente zu Klassen. Eine **rationale Zahl** ist nun eine Äquivalenzklasse von $\mathbb{Z} \times (\mathbb{Z}\setminus\{0\})$ bezüglich der Relation $\sim$. Wir verwenden die übliche Bezeichnung $\frac{a}{b}$ für die Äquivalenzklasse des Paares (a, b).

Mit dieser Schreibweise haben wir

$$\frac{a}{b} = \left\{(c,d) \in \mathbb{Z} \times (\mathbb{Z}\setminus\{0\}) \mid (c,d) \sim (a,b)\right\}.$$

Die **Menge $\mathbb{Q}$ der rationalen Zahlen** ist die *Quotientenmenge* von $\mathbb{Z} \times (\mathbb{Z}\setminus\{0\})$ nach der Relation $\sim$:

$$\mathbb{Q} := \left[\mathbb{Z} \times (\mathbb{Z}\setminus\{0\})\right] / \sim$$

Die Multiplikation und Addition von rationalen Zahlen definieren wir zunächst für Paare aus $\mathbb{Z} \times (\mathbb{Z}\setminus\{0\})$; nämlich:

$$(a,b) \cdot (c,d) := (ac, bd), \quad (a,b) + (c,d) := (ad + bc, bd).$$

Bemerkung Weil es in $\mathbb{Z}$ keine Nullteiler gibt (Lemma 13) sind mit (a,b) und (c,d) auch $(a,b) \cdot (c,d)$ und $(a,b) + (c,d)$ in $\mathbb{Z} \times (\mathbb{Z}\setminus\{0\})$.

Auch hier kann man zeigen, dass diese Definitionen auf die Äquivalenzklassen übertragen werden können. Dies bedeutet, dass die Multiplikation bzw. Addition äquivalenter Paare zu äquivalenten Produkten bzw. Summen führt: Multiplikation und Addition von rationalen Zahlen sind durch

$$\frac{a}{b} \cdot \frac{c}{d} := \frac{ac}{bd} \qquad \text{bzw.} \qquad \frac{a}{b} + \frac{c}{d} := \frac{ad + bc}{bd}$$

wohldefiniert.

Der nächste Schritt würde darin bestehen zu zeigen, dass nicht nur die Prinzipien von *Koinzidenz* und *Permanenz* auch bei dieser Erweiterung gelten, sondern auch dass die Division in $\mathbb{Q}$ uneingeschränkt ausführbar ist – außer durch Null.

In der modernen Algebra (vgl. Wissenswert, S. 43) nennt man einen solchen Bereich $(\mathbb{Q}, +, \cdot)$ einen **Körper**. Präziser gilt:

1. $\mathbb{Q}$ ist bezüglich der Addition eine abelsche Gruppe.
2. $\mathbb{Q}\setminus\{0\}$ ist bezüglich der Multiplikation ebenfalls eine abelsche Gruppe.
3. Es gelten die Distributivgesetze.

Insbesondere gelten:

- Die Null in $\mathbb{Q}$, d. h. das Neutralelement der Addition, ist der Bruch $\frac{0}{1}$ oder die Äquivalenzklasse des Paares $(0,1)$. Zu dieser Äquivalenzklasse gehören alle Paare der Form $(0,b)$ mit $b \in (\mathbb{Z}\setminus\{0\})$.
- Die Eins in $\mathbb{Q}$, d. h. das Neutralelement der Multiplikation, ist der Bruch $\frac{1}{1}$ bzw. die Äquivalenzklasse des Paares $(1,1)$; letztere besteht aus allen Paaren der Form (a,a) mit $a \in \mathbb{Z}\setminus\{0\}$.
- Invers zum Bruch $\frac{a}{b}$ mit $a \neq 0$ bezüglich der Multiplikation ist der Kehrbruch $\frac{b}{a}$, denn $\frac{a}{b} \cdot \frac{b}{a} = \frac{1}{1} = \frac{b}{a} \cdot \frac{a}{b}$.

4.5 Aufgaben zum Aufbau des Zahlbegriffs

1. **Vollständige Induktion I**
   Weisen Sie die Allgemeingültigkeit der folgenden Aussageformen in $\mathbb{N}_0$ mittels vollständiger Induktion nach:
   a) $\sum_{i=0}^{n}(4i-1) = 2n^2+n-1$;
   b) $\sum_{i=0}^{n} i^3 = \frac{n^2(n+1)^2}{4}$;
   c) $\sum_{i=1}^{n} i \cdot i! = (n+1)!-1$.
   Dabei ist $n!$ rekursiv definiert durch $0! := 1$ und $(n+1)! := n! \cdot (n+1)$ für alle $n \in \mathbb{N}_0$ (vgl. S. 114).
2. **Vollständige Induktion II**
   a) Beweisen Sie mit vollständiger Induktion, dass
      i. $\prod_{k=2}^{n}\left(\frac{k+1}{k-1}\right)^2 = \frac{n^2(n+1)^2}{4}$,
      ii. $\prod_{k=2}^{n}\left(1-\frac{1}{k^2}\right) = \frac{n+1}{2n}$,
      für alle natürliche Zahlen $n \geq 2$.
   b) Zeigen Sie mit vollständiger Induktion, dass die folgenden Aussageformen in $\mathbb{N}_0$ allgemeingültig sind:
      i. $n \cdot (n+1)$ ist durch 2 teilbar;
      ii. n^3+2n ist durch 3 teilbar.
3. **Vollständige Induktion III**
   a) Bestimmen Sie je die kleinste natürliche Zahl $n_0 \in \mathbb{N}$ derart, dass
      i) $n^2 \leq 2^n$
      ii) $n^3 \leq 3^n$
      und beweisen Sie die Ungleichungen mit dem MPVI.
   b) Die Folge $(d_n)_{n\in\mathbb{N}}$ ist rekursiv definiert durch $d_1 = 2$ und
      $$d_{n+1} = \frac{3d_n}{2d_n+1}.$$
      Beweisen Sie mit vollständiger Induktion, dass
      $$1 \leq d_n \leq 2$$
      für alle $n \in \mathbb{N}$.
4. **Vollständige Induktion IV**
   Wir betrachten die Fibonacci-Folge: $f_0 = 0, f_1 = 1$ und $f_{n+2} = f_{n+1} + f_n$.
   Beweisen Sie mit vollständiger Induktion, dass die Formeln

i. $1+\sum\limits_{k=0}^{n} f_k = f_{n+2}$,

ii. $\sum\limits_{k=0}^{n} f_{2k+1} = f_{2n+2}$,

iii. $\sum\limits_{k=0}^{n} {f_k}^2 = f_n \cdot f_{n+1}$,

in $\mathbb{N}_0$ allgemeingültig sind.

5. **Formel von Simson und Carroll-Paradoxon**

   a) Die folgenden Gleichungen sind Spezialfälle einer Formel von Simson[9] über beliebige Fibonacci-Zahlen:

   $$1\cdot 3 = 2^2-1\,,\quad 2\cdot 5 = 3^2+1\,,\quad 3\cdot 8 = 5^2-1\,,\quad 5\cdot 13 = 8^2+1,\ldots$$

   Bestimmen Sie die allgemeine Formel und beweisen Sie diese mit vollständiger Induktion.

   b) Das nachstehende Paradox von Lewis Carroll (vgl. S. 45) ist eine amüsante Illustration der Formel von Simson: Das Quadrat mit der Seitenlänge 13 wird gemäß Bild zerlegt und zu einem Rechteck mit den Seitenlängen 8 und 21 wieder zusammengesetzt. Da stimmt doch etwas nicht!?

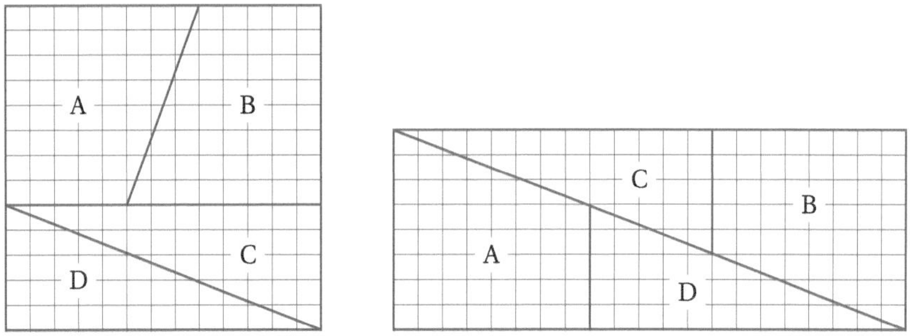

6. **Fibonacci-Rekursion**

   In dieser Aufgabe betrachten wir Zahlenfolgen $(a_n)_{n\in\mathbb{N}_0}$ mit *Fibonacci-Rekursion*, d. h., mit der Eigenschaft, dass

   $$a_{n+1} = a_n + a_{n-1},\ \forall n \in \mathbb{N}_0$$

   die jedoch mit anderen Startwerten beginnen.

   a) Annahme: Kaninchen vermehren sich nach der Fibonacci-Rekursion. Im zweiten Monat hat es 4 Kaninchenpaare, im vierten sind es 11. Wie viele waren es im ersten Monat? Wie viele Paare wird es nach einem Jahr haben?

   b) Die Gleichung $x^2 - x - 1 = 0$ hat die Lösungen[10]

   $$\tau = \frac{1+\sqrt{5}}{2} \quad \text{und} \quad \sigma = \frac{1-\sqrt{5}}{2}.$$

---

[9] Robert Simson (1687–1768), schottischer Mathematiker

[10] τ ist die Verhältniszahl des goldenen Schnittes.

Zeigen Sie, dass jede der beiden Folgen $(\tau^n)_{n\in\mathbb{N}_0}$ und $(\sigma^n)_{n\in\mathbb{N}_0}$ die Fibonacci-Rekursion erfüllt.

c) Wir betrachten die Folge $(g_n)_{n\in\mathbb{N}_0}$, welche die Fibonacci-Rekursion erfüllt und die Startwerte $g_0 = 3$ und $g_1 = 1$ besitzt. Beweisen Sie mit dem Prinzip der starken Induktion, dass die Formel

$$g_n = 3f_{n+1} - 2f_n$$

allgemeingültig ist in $\mathbb{N}_0$, wobei $(f_n)_{n\in\mathbb{N}_0}$ die Fibonacci-Folge bezeichnet.

7. **Explizite Formeln**

In dieser Aufgabe geht es darum, sowohl für die Fibonacci-Folge $(f_n)_{n\in\mathbb{N}_0}$ als auch für die Lucas-Folge $(l_n)_{n\in\mathbb{N}_0}$ (vgl. S. 93) *explizite Darstellungen* nachzuweisen.

a) Beweisen Sie mit dem Prinzip der starken Induktion, dass die Binet[11]-Formel

$$f_n = \frac{1}{\sqrt{5}}\left(\left(\frac{1+\sqrt{5}}{2}\right)^n - \left(\frac{1-\sqrt{5}}{2}\right)^n\right)$$

in $\mathbb{N}_0$ allgemeingültig ist[12].

b) Beweisen Sie ebenso, dass die Formel

$$l_n = \left(\frac{1+\sqrt{5}}{2}\right)^n + \left(\frac{1-\sqrt{5}}{2}\right)^n$$

in $\mathbb{N}_0$ allgemeingültig ist.

[11] Jacques Philippe Marie Binet (1786–1856), franz. Mathematiker, fand die Formel 1843.

[12] Die Binet-Formel scheint schon Euler, Bernoulli und de Moivre bekannt gewesen zu sein.

5 Endliche Mengen

Zum Schluss dieses Buches, möchten wir uns Gedanken machen, wie die Anzahl Elemente einer endlichen Menge charakterisiert werden kann.

5.1 Die Mächtigkeit endlicher Mengen

Beispiel 1 Für die Vorlesung „Grundbegriffe der Mathematik“ haben sich 66 Studierende eingeschrieben. Oder: Die Menge der Studierenden, welche sich eingeschrieben haben, umfasst 66 Elemente.

Was bedeutet dies? Wie kommt man darauf?

Dahinter steht ein Zählprozess; die Elemente der betreffenden Menge sind fortlaufend mit Nummern versehen worden. Dies kann auch folgendermaßen ausgedrückt werden: Es gibt eine *bijektive Abbildung* der Menge $\{1,2,3,...,65,66\}$ auf die Menge der hier eingeschriebenen Studierenden.

Für diese Betrachtung sind offenbar Mengen der Form $\{1,2,3,\ldots,n-1,n\}$ von Bedeutung. Da wir weiterhin mit $\mathbb{N}_0$ als Grundmenge arbeiten werden, ist es sinnvoll, die Zahl Null hinzuzufügen. Wir definieren deshalb für jedes $n \geq 1$ eine Menge $\mathbb{A}_n$ durch

$$\mathbb{A}_n := \left\{k \in \mathbb{N}_0 \mid k < n\right\} = \{0,1,2,\ldots,n-1\}\,.$$

Die Menge $\mathbb{A}_n$ nennen wir das ***n*-te Anfangsstück** von $\mathbb{N}_0$. Wir ergänzen diese Definition durch $A_0 := \emptyset$. Die Folge der Anfangsstücke von $\mathbb{N}_0$ kann auch rekursiv definiert werden, nämlich:

$$\mathbb{A}_0 = \emptyset \qquad \text{und} \qquad \mathbb{A}_{n+1} = \mathbb{A}_n \cup \{n\} \;\forall n \in \mathbb{N}_0\,.$$

Für den Vergleich von Mengen benötigen wir ferner die folgende

Definition Zwei Mengen A, B heißen **gleichmächtig**, falls es eine bijektive Abbildung $f\colon A \to B$ gibt.

Wir schreiben $A \sim B$, falls A und B gleichmächtig sind.

Im Beispiel 1 ist die Menge S der Studierenden mit der Menge $\mathbb{A}_{66}$ gleichmächtig:

$$S \sim \mathbb{A}_{66}.$$

Der nachstehende Satz besagt, dass die Relation $\sim$ in der Potenzmenge $\mathcal{P}(G)$ einer beliebigen Menge G eine Äquivalenzrelation ist.

Satz 1
Für beliebige Teilmengen A, B, C einer Menge G gelten:

1. $A \sim A$.
2. $A \sim B \Rightarrow B \sim A$.
3. $A \sim B \wedge B \sim C \Rightarrow A \sim C$.

■

Beweis 1. $\mathbb{1}_A$ ist bijektiv.

2. Wenn es eine bijektive Abbildung $f\colon A \to B$ gibt, so ist $f^{-1}\colon B \to A$ ebenfalls bijektiv.
3. Es seien $f\colon A \to B$ und $g\colon B \to C$ zwei bijektive Abbildungen. Dann ist $g \circ f$ eine Abbildung von A nach C, welche bijektiv ist (vgl. Kapitel 3, Satz 2, S. 67). ■

Die folgenden beiden Sätze bilden die Voraussetzung für die Theorie der endlichen Mengen.

Satz 2
$\mathbb{A}_m \sim \mathbb{A}_n \Leftrightarrow m = n.$

■

Beweis Die Implikation „$\Leftarrow$" gilt nach Satz 1.1; es muss also nur „$\Rightarrow$" bewiesen werden. Dieser Beweis wird mit vollständiger Induktion nach n geführt. Es ist also zu zeigen, dass die folgende Aussageform allgemeingültig ist in $\mathbb{N}_0$:

$$\varphi(n)\colon\ \forall m \in \mathbb{N}_0 \big(A_m \sim A_n \to m = n\big).$$

1. *Verankerung*: $\varphi(0)\colon\ A_m \sim \emptyset \to m = 0$. Dies ist offensichtlich wahr.
2. *Induktionsschritt*: Es sei $\varphi(n)$ für ein festes, aber beliebiges n wahr. Es sei nun $m \in \mathbb{N}_0$ so, dass $A_m \sim A_{n+1}$. Zu zeigen ist, dass dann $m = n+1$ gilt. Da $\mathbb{A}_{n+1}$ nach Definition die Zahl n enthält, ist $\mathbb{A}_{n+1} \neq \emptyset$. Nach Voraussetzung ist dann auch $A_m \neq \emptyset$ und somit $m > 0$. Also ist m ein Nachfolger; es sei $m = l+1$.

   Nach Voraussetzung gibt es eine bijektive Abbildung $f\colon \mathbb{A}_m \to \mathbb{A}_{n+1}$. Es sei $k = f^{-1}(n)$; d. h. gilt $f(k) = n$. Wir definieren eine neue Abbildung $f_1\colon \mathbb{A}_m \to A_{n+1}$ wie folgt:

$$f_1(j) := \begin{cases} f(j) & \text{falls } j \neq k, l \\ f(l) & \text{falls } j = k \\ n & \text{falls } j = l \end{cases}$$

   Die Abbildung f_1 ist wieder bijektiv, und es gilt nach Definition $f_1(l) = n$. Dann ist aber $f_1|_{\mathbb{A}_l}$ eine bijektive Abbildung von $\mathbb{A}_l$ nach $\mathbb{A}_n$. Nach Induktionsannahme gilt dann $l = n$ und somit $m = l+1 = n+1$. ■

Satz 3

1. Zu jeder Teilmenge A von $\mathbb{A}_n$ gibt es ein $k \in \mathbb{N}_0$ mit $k \leq n$ und $A \sim \mathbb{A}_k$.
2. Ist A eine Teilmenge von $\mathbb{A}_n$ mit $A \sim \mathbb{A}_n$, so ist $A = \mathbb{A}_n$.

■

Beweis Beide Teile werden mit vollständiger Induktion nach n bewiesen.

Verankerung: Dies ist klar, denn $\emptyset$ ist die einzige Teilmenge von $\mathbb{A}_0$.

Induktionsschritt: Wir nehmen an, Satz 3.1 gelte für ein festes, aber beliebiges n, und betrachten nun eine beliebige Teilmenge A von $\mathbb{A}_{n+1}$. Nun sind zwei Fälle zu unterscheiden:

- Fall (i): $n \notin A$. In diesem Fall ist A schon eine Teilmenge von $\mathbb{A}_n$. Somit gibt es nach Induktionsannahme ein $k \leq n$ so, dass $A \sim \mathbb{A}_k$.
- Fall (ii): $n \in A$. In diesem Fall definiere die Menge $B := A \setminus \{n\}$. Dann ist B eine Teilmenge von $\mathbb{A}_n$, und es gilt $A = B \cup \{n\}$. Nach Induktionsannahme gibt es dann ein $k \leq n$ und eine bijektive Abbildung $f\colon B \xrightarrow{\sim} \mathbb{A}_k$. Diese Abbildung f kann nun durch die Definition

  $$\hat{f}(j) := \begin{cases} f(j) & \text{falls } j \in B \\ k & \text{falls } j = n \end{cases}$$

  zu einer Abbildung $\hat{f}\colon A \to \mathbb{A}_{k+1}$ erweitert werden. Diese Abbildung ist bijektiv, und es gilt $k+1 \leq n+1$. Somit ist der Induktionsschritt verifiziert.

Teil 2. wird ähnlich bewiesen wie Teil 1. ■

Definition Eine Menge E ist **endlich**, wenn E mit einer Menge $\mathbb{A}_n$ gleichmächtig ist.

Nach dieser Definition und den Sätzen 1 und 2 gibt es zu jeder endlichen Menge E *genau* eine Zahl $n \in \mathbb{N}_0$ mit der Eigenschaft, dass $E \sim \mathbb{A}_n$. Diese Zahl n ist die Anzahl der Elemente von E. Wir nennen sie auch **Mächtigkeit** von E und schreiben dafür

$$|E| = n.$$

Leicht einzusehen sind die für beliebige endliche Mengen E, F geltenden Eigenschaften

1. $|E| = 0 \Leftrightarrow E = \emptyset$.
2. $E \sim F \Leftrightarrow |E| = |F|$.

Intuitiv ebenfalls klar sind die Eigenschaften 1 bis 3 des folgenden Satzes.

Satz 4

1. Ist E eine *endliche Menge*, und ist F eine Teilmenge von E, so ist auch F *endlich*, und es gilt $|F| \leq |E|$.
2. Sind E, F *endlich*, so ist auch $E \cup F$ *endlich*.
   Sind E, F zudem *disjunkt*, so gilt $|E \cup F| = |E| + |F|$.
3. Sind E, F *endlich*, so ist auch $E \times F$ endlich, und es gilt $|E \times F| = |E| \cdot |F|$.
4. Ist E endlich, so auch $\mathcal{P}(E)$; es gilt $\big|\mathcal{P}(E)\big| = 2^{|E|}$.

■

Beweis von 4: Es genügt, dieses Resultat für die Potenzmengen der Anfangsstücke $\mathbb{A}_n$ zu beweisen. Der Beweis wird mit vollständiger Induktion nach n geführt.

a) *Verankerung*: Es gilt $\mathcal{P}(\mathbb{A}_0) = \mathcal{P}(\emptyset) = \{\emptyset\}$ und somit $\big|\mathcal{P}(\mathbb{A}_0)\big| = 1 = 2^0$.

b) *Induktionsschritt*: Wir nehmen an, $\mathcal{P}(\mathbb{A}_n)$ sei für ein festes, aber beliebiges n endlich mit $\left|\mathcal{P}(\mathbb{A}_n)\right| = 2^n$.

Wir betrachten Elemente von $\mathcal{P}(\mathbb{A}_{n+1})$, d. h. Teilmengen $M \subseteq \mathbb{A}_{n+1}$. Im Folgenden bezeichne $\mathcal{P}_1$ die Menge derjenigen Teilmengen M mit $n \notin M$ und die Menge $\mathcal{P}_2$ derjenigen Teilmengen mit $n \in M$. Der erste Fall charakterisiert genau die Teilmengen von $\mathbb{A}_{n+1}$, welche schon in $\mathbb{A}_n$ enthalten sind. Somit gilt $\mathcal{P}_1 \sim \mathcal{P}(\mathbb{A}_n)$. Im zweiten Fall besitzt M eine disjunkte Zerlegung $M = M_1 \cup \{n\}$ mit $M_1 \subseteq \mathbb{A}_n$. Folglich ist auch $\mathcal{P}_2 \sim \mathcal{P}(\mathbb{A}_n)$.

Nach Definition gilt ferner $\mathcal{P}_1 \cap \mathcal{P}_2 = \emptyset$ und $\mathcal{P}_1 \cup \mathcal{P}_2 = \mathcal{P}(\mathbb{A}_{n+1})$. Also ist $\mathcal{P}(\mathbb{A}_{n+1})$ die disjunkte Vereinigung von $\mathcal{P}_1$ und $\mathcal{P}_2$. Nach Induktionsannahme und 2. ist $\mathcal{P}(\mathbb{A}_{n+1})$ somit endlich, und es gilt

$$\left|\mathcal{P}(\mathbb{A}_{n+1})\right| = \left|\mathcal{P}_1\right| + \left|\mathcal{P}_2\right| = 2 \cdot \left|\mathcal{P}(\mathbb{A}_n)\right| = 2 \cdot 2^n = 2^{n+1}.$$ ■

Sind $E_0, E_1, \ldots, E_n$ Teilmengen einer Grundmenge G, so *definieren* wir

$$\bigcup_{k=0}^{n} E_k := \{x \in G \mid \exists k (0 \le k \le n \wedge x \in E_k)\}$$
$$= E_0 \cup E_1 \cup \ldots \cup E_n .$$

Folgerungen

Alle vorkommenden Mengen seien endlich. Dann gelten:

1. $\bigcup_{k=0}^{n} E_k$ ist endlich. Falls für $j \neq k$ stets $E_j \cap E_k = \emptyset$, so gilt
$$\left|\bigcup_{k=0}^{n} E_k\right| = \sum_{k=0}^{n} |E_k|$$
2. $|E \cup F| = |E| + |F| - |E \cap F|$
3. $|E \cup F \cup G| = |E| + |F| + |G| - |E \cap F| - |E \cap G| - |F \cap G| + |E \cap F \cap G|$ ■

Beweis

1. Wird mit vollständiger Induktion nach n unter Verwendung von Satz 4.2 gezeigt.
2. Weil $E \setminus F$, $E \cap F$ und $F \setminus E$ paarweise disjunkt sind, gilt nach 1:
$$\begin{aligned} |E| + |F| &= |E \setminus F| + |E \cap F| + |F \setminus E| + |E \cap F| \\ &= |(E \setminus F) \cup (E \cap F) \cup (F \setminus E)| + |E \cap F| \\ &= |E \cup F| + |E \cap F| . \end{aligned}$$
Daraus folgt 2.
3. Dies ist eine Anwendung von 2. Wir haben zunächst
$$|(E \cup F) \cup G| = |E \cup F| + |G| - |(E \cup F) \cap G| .$$
Nun gilt ja $(E \cup F) \cap G = (E \cap G) \cup (F \cap G)$ (vgl. Abschnitt 2.1, Seite 37). Also ist
$$|(E \cup F) \cap G| = |E \cap G| + |F \cap G| - |E \cap F \cap G|$$
und somit
$$\begin{aligned} |E \cup F \cup G| &= |E \cup F| + |G| - [|E \cap G| + |F \cap G| - |E \cap F \cap G|] \\ &= |E| + |F| - |E \cap F| + |G| - |E \cap G| - |F \cap G| + |E \cap F \cap G| . \end{aligned}$$ ■

5.2 Teilmengen der Anfangsstücke $\mathbb{A}_n$

Die Anzahl der Teilmengen von $\mathbb{A}_n$, welche genau k Elemente umfassen, bezeichnen wir mit $\binom{n}{k}$ („n tief k").

Wir ordnen die hier eingeführten Symbole im folgenden Dreieck an, welches Pascal[1] zugeschrieben wird, obwohl es davon eine chinesische Darstellung aus dem Jahre 1303 gibt. (Es wird sogar vermutet, dass das Zahlendreieck schon im 3. Jh. v. Chr. in China bekannt war.)

$$\begin{array}{ccccccc} & & & \binom{0}{0} & & & \\ & & \binom{1}{0} & & \binom{1}{1} & & \\ & \binom{2}{0} & & \binom{2}{1} & & \binom{2}{2} & \\ \binom{3}{0} & & \binom{3}{1} & & \binom{3}{2} & & \binom{3}{3} \\ \ldots & & & \ldots & & & \ldots \end{array}$$

oder in Zahlen

$$\begin{array}{ccccccc} & & & 1 & & & \\ & & 1 & & 1 & & \\ & 1 & & 2 & & 1 & \\ 1 & & 3 & & 3 & & 1 \\ \ldots & & & \ldots & & & \ldots \end{array}$$

Satz 5
Für $k, n \in \mathbb{N}_0$ mit $0 \leq k < n$ gelten:

1. $\binom{n}{0} = 1 = \binom{n}{n}$
2. $\binom{n}{k} + \binom{n}{k+1} = \binom{n+1}{k+1}$

■

Beweis 1. Da $\mathbb{A}_0 = \emptyset$ ist und je zwei leere Mengen gleich sind, gilt $\binom{n}{0} = 1$. Ist A eine mit $\mathbb{A}_n$ gleichmächtige Teilmenge von $\mathbb{A}_n$, so gilt $A = \mathbb{A}_n$ nach Satz 3.2. Daraus folgt $\binom{n}{n} = 1$.

2. Es sei $\mathcal{A}_{n,k}$ die Menge der mit $\mathbb{A}_k$ gleichmächtigen Teilmengen von $\mathbb{A}_n$. Ferner seien $\mathcal{A} = \{M \in \mathcal{A}_{n+1,k+1} \mid n \notin M\}$ und $\mathcal{B} = \{M \in \mathcal{A}_{n+1,k+1} \mid n \in M\}$. Dann gilt $\mathcal{A} \cup \mathcal{B} = \mathcal{A}_{n+1,k+1}$ und $\mathcal{A} \cap \mathcal{B} = \emptyset$. Zudem ist $\mathcal{A} \sim \mathcal{A}_{n,k+1}$; wir schließen daraus, dass $|\mathcal{A}| = |\mathcal{A}_{n,k+1}| = \binom{n}{k+1}$.
Es sei nun $M \in \mathcal{B}$. Setzen wir $\widetilde{M} = M \setminus \{n\}$, so ist $\widetilde{M}$ eine mit $\mathbb{A}_k$ gleichmächtige Teilmenge von $\mathbb{A}_n$. Da der Übergang von M nach $\widetilde{M}$ eine bijektive Zuordnung ist, schließen wir, dass $|\mathcal{B}| = |\mathcal{A}_{n,k}| = \binom{n}{k}$.
Nach Satz 4.2 haben wir somit

$$|\mathcal{A}_{n+1,k+1}| = |\mathcal{A} \cup \mathcal{B}| = |\mathcal{A}| + |\mathcal{B}|.$$

Dies bedeutet aber gerade, dass

$$\binom{n+1}{k+1} = \binom{n}{k} + \binom{n}{k+1}$$

■

[1] Blaise Pascal (1623–1662), bedeutender französischer Mathematiker, Physiker und Philosoph

Somit lässt sich das Pascalsche Dreieck wie folgt ergänzen:

$$
\begin{array}{ccccccccccccccc}
 & & & & & & & 1 & & & & & & & \\
 & & & & & & 1 & & 1 & & & & & & \\
 & & & & & 1 & & 2 & & 1 & & & & & \\
 & & & & 1 & & 3 & & 3 & & 1 & & & & \\
 & & & 1 & & 4 & & 6 & & 4 & & 1 & & & \\
 & & 1 & & 5 & & 10 & & 10 & & 5 & & 1 & & \\
 & 1 & & 6 & & 15 & & 20 & & 15 & & 6 & & 1 & \\
1 & & 7 & & 21 & & 35 & & 35 & & 21 & & 7 & & 1 \\
\dots & & & & \dots & & & \dots & & & \dots & & & & \dots
\end{array}
$$

Die Ergebnisse von Satz 5 können nun für die Herleitung einer expliziten Formel für $\binom{n}{k}$ verwendet werden.

Mit $n!$ bezeichnen wir das Produkt $n! := 1 \cdot 2 \cdot \ldots \cdot n$ (***n*-Fakultät**).

Rekursiv lautet diese Definition $0! := 1$ und $(n+1)! := n! \cdot (n+1)$ für alle $n \in \mathbb{N}_0$.

Mit dieser Bezeichnung haben wir

Satz 6
Für alle $k, n \in \mathbb{N}_0$ mit $k \leq n$ gilt

$$\binom{n}{k} = \frac{n!}{k! \cdot (n-k)!}$$

■

Beweis mit vollständiger Induktion nach n.

1. *Verankerung*: Es gilt $\binom{0}{0} = 1 = \frac{0!}{0! \cdot 0!}$.
2. *Induktionsschritt*: Wir nehmen an, für ein beliebiges, aber festes n und für alle $k \leqslant n$ gelte

$$\binom{n}{k} = \frac{n!}{k! \cdot (n-k)!}$$

Wir zeigen, dass daraus die entsprechende Formel für $n+1$ folgt. Zunächst zu den Extremfällen; diese sind unmittelbar einsichtig:

$$\binom{n+1}{0} = 1 = \frac{(n+1)!}{0!(n+1)!} \quad \text{und} \quad \binom{n+1}{n+1} = 1 = \frac{(n+1)!}{(n+1)! \cdot 0!}$$

Somit haben wir die Fälle $k = 0$ und $k = n+1$ behandelt. Wir müssen die Formel für den Fall $0 < k < n+1$ betrachten:

Nach Satz 5.2 haben wir zunächst

$$\binom{n+1}{k} = \binom{n}{k-1} + \binom{n}{k}$$

Nach Induktionsannahme gilt somit

$$\binom{n+1}{k} = \frac{n!}{(k-1)! \cdot (n-(k-1))!} + \frac{n!}{k! \cdot (n-k)!}$$

$$= \frac{n!k + n!(n+1-k)}{k!(n+1-k)!}$$

$$= \frac{(n+1)!}{k! \cdot (n+1-k)!}$$

■

Bemerkung

1. Für die konkrete Berechnung von $\binom{n}{k}$ mittels der Formel von Satz 6 verwenden wir, dass mit $(n-k)!$ gekürzt werden kann:

$$\binom{n}{k} = \frac{n(n-1)\cdots(n-k+1)(n-k)!}{k!(n-k)!} = \frac{n(n-1)\cdots(n-k+1)}{1 \cdot 2 \cdot 3 \cdots k}$$

Beispielsweise ist

$$\binom{7}{3} = \frac{7 \cdot 6 \cdot 5}{1 \cdot 2 \cdot 3} = 35\,.$$

2. Das Pascalsche Dreieck ist symmetrisch. Es gilt:

$$\binom{n}{n-k} = \binom{n}{k} \quad \text{für alle } k \text{ mit } 0 \leq k \leq n\,.$$

Satz 7 (Binomischer Lehrsatz)
Für beliebige Zahlen a, b und $n \in \mathbb{N}_0$ gilt:

$$(a+b)^n = \sum_{k=0}^{n} \binom{n}{k} a^{n-k} b^k$$

■

Beispiel 1

1.

$$\begin{aligned}(a+b)^7 &= \sum_{k=0}^{7} \binom{7}{k} a^{7-k} b^k \\ &= a^7 + 7a^6 b + 21a^5 b^2 + 35a^4 b^3 + 35a^3 b^4 + 21a^2 b^5 + 7ab^6 + b^7\,.\end{aligned}$$

2.

$$\begin{aligned}(2r-3)^5 &= \sum_{k=0}^{5} \binom{5}{k} (2r)^{5-k} (-3)^k \\ &= 32r^5 - 240r^4 + 720r^3 - 1080r^2 + 810r - 243\,.\end{aligned}$$

3. Welches ist die Summe aller Einträge in der n-ten Zeile des Pascalschen Dreiecks?

$$\sum_{k=0}^{n} \binom{n}{k} = \sum_{k=0}^{n} \binom{n}{k} 1^{n-k} \cdot 1^k = (1+1)^n = 2^n\,.$$

Beweis von Satz 7 mit vollständiger Induktion nach n.

1. *Verankerung*: Für $n = 0$ gilt $(a+b)^0 = 1 = \binom{0}{0} a^0 b^0 = \sum_{k=0}^{0} \binom{0}{k} a^{0-k} b^k$.

2. *Induktionsschritt*: Wir nehmen an, die Formel gelte für ein festes, aber beliebiges n, und wollen nun zeigen, dass sie dann auch für $n+1$ gilt. Nach Definition der Potenz und nach Induktionsannahme haben wir

$$(a+b)^{n+1} = (a+b)^n \cdot (a+b) = (a+b) \cdot \sum_{k=0}^{n} \binom{n}{k} a^{n-k} b^k .$$

Das Distributivgesetz liefert weiter

$$\begin{aligned}(a+b) \cdot \sum_{k=0}^{n} \binom{n}{k} a^{n-k} \cdot b^k &= a \cdot \sum_{k=0}^{n} \binom{n}{k} a^{n-k} \cdot b^k + b \cdot \sum_{k=0}^{n} \binom{n}{k} a^{n-k} \cdot b^k \\ &= \sum_{k=0}^{n} \binom{n}{k} a^{n+1-k} \cdot b^k + \sum_{k=0}^{n} \binom{n}{k} a^{n-k} \cdot b^{k+1} .\end{aligned}$$

Durch Umbenennen der Laufvariablen: $j = k-1$ in der ersten bzw. $j = k$ in der zweiten Summe, erhalten wir

$$\begin{aligned}(a+b)^{n+1} &= \binom{n}{0} a^{n+1} \cdot b^0 + \sum_{j=0}^{n-1} \binom{n}{j+1} a^{n+1-(j+1)} \cdot b^{j+1} + \sum_{j=0}^{n} \binom{n}{j} a^{n-j} \cdot b^{j+1} \\ &= \binom{n}{0} a^{n+1} \cdot b^0 + \sum_{j=0}^{n-1} \left[\binom{n}{j+1} + \binom{n}{j} \right] a^{n-j} \cdot b^{j+1} + \binom{n}{n} a^0 \cdot b^{n+1} .\end{aligned}$$

Mit Satz 5.2 folgt

$$\sum_{j=0}^{n-1} \left[\binom{n}{j+1} + \binom{n}{j} \right] a^{n-j} \cdot b^{j+1} = \sum_{j=0}^{n-1} \binom{n+1}{j+1} a^{n-j} \cdot b^{j+1} .$$

Berücksichtigen wir zudem, dass

$$\binom{n}{0} = \binom{n+1}{0} \quad \text{und} \quad \binom{n}{n} = \binom{n+1}{n+1},$$

so erhalten wir

$$\begin{aligned}(a+b)^{n+1} &= \binom{n+1}{0} a^{n+1} \cdot b^0 + \sum_{j=0}^{n-1} \binom{n+1}{j+1} a^{n+1-(j+1)} \cdot b^{j+1} + \binom{n+1}{n+1} a^0 \cdot b^{n+1} \\ &= \sum_{k=0}^{n+1} \binom{n+1}{k} a^{n+1-k} \cdot b^k .\end{aligned}$$

■

5.3 Aufgaben zu Endliche Mengen

1. **Endliche Mengen I**
   Wir betrachen die folgenden Mengen:

$$E := \{n \in \mathbb{N}_0 \mid n \leq 800 \wedge 6 \mid n\},$$
$$F := \{n \in \mathbb{N}_0 \mid n \leq 800 \wedge 8 \mid n\},$$
$$V := \{n \in \mathbb{N}_0 \mid n \leq 800 \wedge 15 \mid n\}.$$

   Bestimmen Sie die folgenden Mächtigkeiten:

   i. $|E \cup F|$
   ii. $|E \setminus V|$
   iii. $|E \cup F \cup V|$
   iv. $|E \setminus (F \cup V)|$

2. **Endliche Mengen II**
   Wir betrachten die folgenden Mengen:

$$E := \{S \subseteq \mathbb{A}_6 \mid |S| = 2\},$$
$$F := \{S \subseteq \mathbb{A}_5 \mid |S| = 3\}.$$

   a) Stellen Sie die Mengen E und F in aufzählender Form dar. Notieren Sie jeweils sämtliche Elemente.
   b) Bestimmen Sie $|E \times F|$.
   c) Notieren Sie drei Elemente der Menge $E \times F$.
   d) Bestimmen Sie $|E \cup F|$.

3. **Endliche Mengen III**
   Von den 183 Einwohnern eines Tessiner Dorfes sprechen 172 Italienisch, 40 Deutsch und 21 Französisch. Ferner sprechen 27 Italienisch und Deutsch aber nicht Französisch, und 14 sprechen Italienisch und Französisch aber nicht Deutsch. Schließlich sprechen vier Einwohner alle drei Sprachen (und niemand keine).
   a) Wie viele Einwohner sprechen Deutsch aber nicht Italienisch?
   b) Wie viele sprechen nur Französisch?
   c) Wie viele sprechen mindestens zwei der drei Sprachen?

4. **Summenzeichen**
   Notieren Sie die folgenden Ausdrücke als Summen:

   a) $\sum_{k=0}^{5} \frac{k^2}{k+1}$,
   b) $\sum_{k=1}^{4} (-1)^k \cdot 2^k$,
   c) $\sum_{k=-1}^{6} (-1)^{k+1}(k-1)$.

   Schreiben Sie nun umgekehrt die nachstehenden Summen in Kurzform, mit Hilfe des Summenzeichens:

   d) $1+3+5+7+\cdots 2021$,
   e) $1-8+27-64+\cdots-1000$,
   f) $0+3+8+15+\cdots+99$.

5. **Binomischer Lehrsatz I**
Ermitteln Sie die folgenden Summen mit Hilfe des Binomischen Lehrsatzes:

a) $\sum_{k=0}^{12} \binom{12}{k} (-5)^k \cdot 15^{12-k}$

b) $\sum_{k=0}^{14} \binom{14}{k} (-2)^k 4^{14-k}$

c) $\sum_{k=0}^{10} \binom{10}{k} (-3)^{10-k} 4^k$

d) $\sum_{k=0}^{10} \binom{10}{k}$

e) $\sum_{k=0}^{33} \binom{33}{k} (-1)^{33-k}$

f) $\sum_{k=0}^{32} \binom{32}{k} (-2)^k$

6. **Binomialkoeffizienten**

a) Für welche natürliche Zahl n mit $n \geq 12$ gilt $13 \cdot \binom{n+1}{13} = 15 \cdot \binom{n}{12}$?

b) Für welche natürliche Zahl n mit $n \geq 5$ gilt $9 \cdot \binom{n+1}{6} = 2 \cdot \binom{n+2}{5}$?

7. **Pascalsches Dreieck**
Ermitteln Sie die folgenden Summen mit Hilfe des Pascalschen Dreiecks:

a) $\sum_{k=0}^{15} \binom{30}{2k}$

b) $\sum_{k=0}^{10} \binom{21}{2k+1}$

c) $\sum_{k=-1}^{10} \binom{24}{2k+2}$

8. **Pascalsches Dreieck und Fibonacci-Folge**
Das Cover dieses Buches zeigt einen Zusammenhang zwischen dem Pascalschen Dreieck und der Fibonacci-Folge $(f_n)_{n\in\mathbb{N}_0}$:

$$\sum_{k=0}^{\lfloor \frac{n}{2} \rfloor} \binom{n-k}{k} = f_{n+1}$$

Beweisen Sie mit vollständiger Induktion, dass diese Formel[2] in $\mathbb{N}_0$ allgemeingültig ist.

[2] Die Gauß-Klammer $\lfloor x \rfloor$ bezeichnet die größte ganze Zahl, welche kleiner oder gleich x ist.

Abbildungsverzeichnis

Bild 1.1 Bild: Jastrow (2006), Büste im Palazzo Altemps, Rom

Bild 2.1 Library of Congress, courtesy AIP Emilio Segrè Visual Archives

Bild 2.2 Fotocollectie Anefo, Nationaal Archief, Den Haag/Niederlande

Bild 2.3 Encyclopedia Britannica, Quelle: Bryn Mawr College Archives

Bild 4.1 School of Mathematics and Statistics, University of St Andrews, Scotland

Bild 4.2 Heritage Image Partnership Ltd / Alamy Stock Foto

Bild 4.3 Bild: Emil Schulz (ca. 1886), Bildarchiv der ETH-Bibliothek Zürich

Bild 4.4 Biblioteca Nazionale di Firenze, Codice magliabechiano cs c1, 2616, fol. 124r

Literatur

[Boo54] BOOLE, George: *An investigation of the laws of thought : on which are founded the mathematical theories of logic and probabilities.* London: Walton and Maberly, 1854

[Ded88] DEDEKIND, Richard: *Was sind und was sollen die Zahlen?* Braunschweig: Friedrich Vieweg und Sohn, 1888

[E+92] EBBINGHAUS, Heinz-Dieter u. a.: *Zahlen.* Dritte verbesserte Auflage. Berlin Heidelberg: Springer-Verlag, 1992 (Grundwissen Mathematik 1). – ISBN 3540556540

[Fre79] FREGE, Gottlob: *Begriffsschrift, eine der arithmetischen nachgebildete Formelsprache des reinen Denkens.* Halle an der Saale: Nebert, 1879

[GP02] GIUSTI, Enrico; PETTI, Raffaela: *Un ponte sul Mediterraneo : Leonardo Pisano, la scienza araba e la rinascita della matematica in Occidente.* Firenze: Polistampa, 2002 (Il giardino di Archimede). – ISBN 8883045076

[Leg] *Weizenkornlegende http://www.schachecke.de/geschichte.html. http://www.schachecke.de/geschichte.html,* Abruf: 26.11.22

[Sch66] SCHMIDT, Jürgen: *Mengenlehre : Einführung in die axiomatische Mengenlehre.* Mannheim: Bibliographisches Institut, 1966 (B.I.-Hochschultaschenbücher Band 56/56a)

[Sin97] SINGH, Simon: *Fermat's last theorem : the story of a riddle that confounded the world's greatest minds for 358 years.* London: Fourth Estate, 1997. – ISBN 9781857028379

[Tar77] TARSKI, Alfred: *Einführung in die mathematische Logik.* 5. Auflage. Göttingen: Vandenhoeck & Ruprecht, 1977 (Moderne Mathematik in elementarer Darstellung 5). – ISBN 3525405405

[van31] VAN DER WAERDEN, Bartel L.: *Die Grundlehren der mathematischen Wissenschaften in Einzeldarstellungen.* Bd. 33 und 34: *Moderne Algebra.* Berlin: J. Springer, 1930–1931

[WR13] WHITEHEAD, Alfred N.; RUSSELL, Betrand: *Principia mathematica.* Cambridge: University Press, 1910–1913

Sachregister